战胜致命的
病毒

王子安◎主编

汕头大学出版社

图书在版编目（ＣＩＰ）数据

战胜致命的病毒 / 王子安主编. -- 汕头 ： 汕头大
学出版社，2012.4（2024.1重印）
ISBN 978-7-5658-0681-0

Ⅰ．①战… Ⅱ．①王… Ⅲ．①病毒－普及读物 Ⅳ.
①Q939.4-49

中国版本图书馆CIP数据核字（2012）第057652号

战胜致命的病毒

主　　编：王子安
责任编辑：胡开祥
责任技编：黄东生
封面设计：君阅天下
出版发行：汕头大学出版社
　　　　　广东省汕头市汕头大学内　　邮编：515063
电　　话：0754-82904613
印　　刷：唐山楠萍印务有限公司
开　　本：710mm×1000mm　1/16
印　　张：12
字　　数：70千字
版　　次：2012年4月第1版
印　　次：2024年1月第2次印刷
定　　价：55.00元
ISBN 978-7-5658-0681-0

前　言

　　青少年是我们国家未来的栋梁，是实现中华民族伟大复兴的主力军。一直以来，党和国家的领导人对青少年的健康成长教育都非常关心。对于青少年来说，他们正处于博学求知的黄金时期。除了认真学习课本上的知识外，他们还应该广泛吸收课外的知识。青少年所具备的科学素质和他们对待科学的态度，对国家的未来将会产生深远的影响。因此，对青少年开展必要的科学普及教育是极为必要的。这不仅可以丰富他们的学习生活、增加他们的想象力和逆向思维能力，而且可以开阔他们的眼界、提高他们的知识面和创新精神。

　　提到病毒，相信大多数人都会为之一颤。它们个体微小、结构简单，但是却对人体有着致命的杀伤力。病毒在自然界分布广泛，可感染细菌、真菌、植物、动物和人，常引起宿主发病。比如曾经吞噬了众多人生命的鼠疫病毒、天花病毒、乙型肝炎病毒和艾滋病毒等。《战胜致命的病毒》一书共分为四个部分，先大致介绍了健康的定义和现代医学的相关知识，再通过对日常生活中的常见病、传染病的相关介绍，来帮助大家通过现代医学手段一起战胜致命的病毒。

本书属于"科普·教育"类读物，文字语言通俗易懂，给予读者一般性的、基础性的科学知识，其读者对象是具有一定文化知识程度与教育水平的青少年。书中采用了文学性、趣味性、科普性、艺术性、文化性相结合的语言文字与内容编排，是文化性与科学性、自然性与人文性相融合的科普读物。

此外，本书为了迎合广大青少年读者的阅读兴趣，还配有相应的图文解说与介绍，再加上简约、独具一格的版式设计，以及多元素色彩的内容编排，使本书的内容更加生动化、更有吸引力，使本来生趣盎然的知识内容变得更加新鲜亮丽，从而提高了读者在阅读时的感官效果。

尽管本书在编写过程中力求精益求精，但是由于编者水平与时间的有限、仓促，使得本书难免会存在一些不足之处，敬请广大青少年读者予以见谅，并给予批评。希望本书能够成为广大青少年读者成长的良师益友，并使青少年读者的思想能够得到一定程度上的升华。

2012年3月

CONTENTS 目录

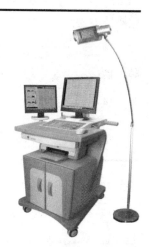

目录 CONTENTS

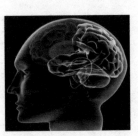

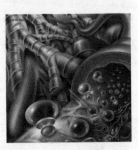

第四章　传染病

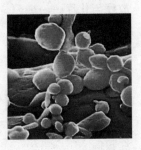

第一章

健康概述

　　健康是指一个人在身体、精神和社会等方面都处于良好的状态。传统意义上认为，健康就是"无病"。现代人认为，健康应该是整体健康。目前，关于健康最具权威性的定义是世界卫生组织提出的"健康不仅是躯体没有疾病，还要具备心理的健康、社会适应良好和有道德"。健康是人的基本权利，是人生最宝贵的财富之一；健康是生活质量的基础；健康是人类自我觉醒的重要方面；健康是生命存在的最佳状态，有着丰富深蕴和内涵。

　　现代健康的含义是多元的、广泛的，包括生理、心理和社会适应性3个方面，其中社会适应性归根结底取决于生理和心理的素质状况。心理健康是身体健康的精神支柱，身体健康又是心理健康的物质基础。良好的情绪状态可以使生理功能处于最佳状态，反之则会降低或破坏某种功能而引起疾病。身体状况的改变可能带来相应的心理问题，生理上的缺陷、疾病，特别是痼疾，往往会使人产生烦恼、焦躁、忧虑、抑郁等不良情绪，导致各种不正常的心理状态。在这一章里，我们一起来谈一下跟健康相关的一些知识。

健康概述

◆ 健康的标准

中医学上认为，一个人健康与否关键在于脏腑和经络是否健康，而脏腑是否健康关键看脾胃的健康状况，人出生之后，一切饮食和活动的供应完全在于脾胃的功能，所以中医衡量一个人健康的标准就在于脾胃是否健康。

世界卫生组织提出，衡量一个人是否健康，主要有十项标准：

一、有充沛精力，能从容不迫地负担日常生活和繁忙的工作，而且不感到过分紧张与疲劳。

二、处事乐观，态度积极，乐于承担责任，事无巨细，不挑剔。

三、善于休息，睡眠良好。

四、应变能力强，能适应外界环境的各种变化。

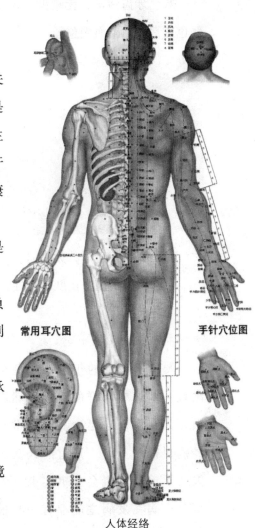

常用耳穴图　　手针穴位图

人体经络

五、能抵抗各种传染病。

六、体重适中，身体匀称，站立时头、肩、臂位置协调。

七、眼睛明亮，反应敏捷，眼和眼睑不发炎。

八、牙齿清洁，无龋齿，牙龈颜色正常，无出血现象。

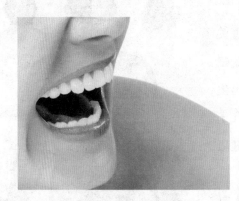

九、头发有光泽，无头屑。

十、肌肉丰满，皮肤有弹性。

◆ 身体不健康的表现

人到了一定的年纪，难免会出现一些这样那样的毛病，然而很多人在发现自己生病时常常已经病得很严重了，还有的人甚至失去了治愈的机会。事实上，大部分疾病在发病之前都有一些报警信号，如果能够依据这些信号及时地对照自己的身体状况，会提早发现身体的疾病。

通常，小便增多，常上厕所，晚上口渴或小便频繁，尤其是夜尿增多，尿液滴沥不净等，有可能是糖尿病或前列腺疾病的前兆。

上楼梯或斜坡时就心慌、气喘，经常感到胸闷、胸痛等，有可能是高血压、脑动脉硬化症的前兆。

近日来常为一点小事发火，焦

躁不安，时常头晕，有可能是高血

压、脑动脉硬化症等疾病的前兆。

近来咳嗽痰多，时而痰中带有血丝，有可能是支气管扩张、肺结核等肺部疾病的前兆。

食欲不振，吃一点油腻或不易消化的食物，就感到上腹部闷胀不

嗳气等症状，有可能是慢性胃溃疡或其他胃部疾病的前兆。

最近变得健忘起来，有时反复做同一件事，有可能是脑动脉硬化，脑梗塞等的前兆。

早晨起来时关节发硬，并伴

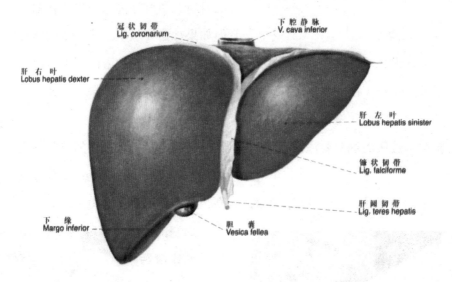

适，大便也没有规律，有可能是胃肠疾病或肝胆疾病的前兆。

近来酒量明显变小，稍喝几口便发困、不舒服，第二天还晕乎乎的，有可能是肝脏疾病或动脉硬化的前兆。

胃部不适，常有隐痛、反酸、

有刺痛，活动或按压关节时有疼痛感，有可能是风湿性骨关节病的前兆。

脸部眼睑和下肢常浮肿，血压高，多伴有头痛，腰酸背痛，有可能是肾脏疾病的前兆。

健康的饮食起居

◆ 健康饮食

俗话说："民以食为天"，饮食是人类维持生命的基本条件，日常饮食时一定要注意讲究营养、合理搭配。健康的饮食要注意以下几个方面：

黄油与甜品：黄油与甜品类的

食物除了会增加热量与脂肪，几乎没有其他的功效，更谈不上对身体健康有益处了。如果你想保持曼妙

的身材，最好远离这一层的食物；但如果你需要从事大运动量的体育锻炼，比如长跑和游泳，你可以在运动前吃一块巧克力来补充体力和热量。

奶制品：摄入过多的奶制品会增加心脏的负担，导致胆固醇升高，其副作用要比肉类大。有些人强调奶制品能够增加体内钙质，实际上奶制品并不是唯一，也不是最好的获取钙质的途径。两杯牛奶所提供的钙质仅相当于几口豆腐为身

体补充的钙量。当然，也不必改变每天喝牛奶的习惯，只是尽量喝脱脂奶更加合理。

鱼类或少量红肉：海鲜类的肉质被称之为"白肉"，这些肉类含有丰富的蛋白质和各类氨基酸，而且不会转化为脂肪，因此可以每周适当摄入2～4次。其他的"红肉"类食物，过多地摄入会导致心血管病的发病率升高，特别是动物内脏，最好不要经常食用。

坚果与豆类：许多人都认为坚果会导致脂肪堆积，实际上坚果中的油类都属于植物油，比起动物体内的油脂要更清洁，所含的维生素和其他营养物质也就更多。

豆制品中含有多种微量元素，特别是钙元素的含量所占比例很大，对于骨质疏松的人与老年人都很有好处。

蔬菜与水果：蔬菜与水果对于人体健康的重要性无需过多地强调，应尽可能地多多摄入这两大类对身体最有益处的食物。

全麦食品与植物油：植物油在烹饪过程中是不可或缺的配料，它也没有人们想象中的高热量，相反，其中所含有的微量元素能够提供身体所需的物质，应该说全麦食品与植物油是利大于弊。

长期而适当的体育锻炼：生命在于运动，只有将运动与科学的饮食相结合，才能够让身体保持最佳

的状态。

饮食除了讲究营养、合理搭配之外，还要注意有节制、适度。日常生活中的一日三餐在时间上、数量上都要做到定时定量，该进食的时候就要进食，不能贻误时间，如果贻误了时间就会造成饥饿过度、暴饮暴食，从而引起消化系统的紊乱，损伤胃脾，患上难以治愈的肠胃疾病。

◆ 健康睡眠

睡眠是我们日常生活中最熟悉的活动之一。人的一生大约有三分之一的时间是在睡眠中度过的。

当人们处于睡眠状态中时，可以使人们的大脑和身体得到休息、休整和恢复。有助于人们日常的工作和学习。科学提高睡眠质量，是人们正常工作学习生活的保障。如果长期睡眠不足，机体的生物规律就会受到干扰，人的生理功能将会出现混乱，神经系统失调，轻者学习和工作的能力下降，重者将导致全身性疾病，如神经衰弱、消化功能减弱和其他心血管疾病，所以许多疾病是因劳累过度而造成的。睡眠对正处于生长发育阶段的青少年或正常人保持强壮的体质和病后恢复健康，都具有相当重要的地位。

睡眠的时间因人而异，实际

上，足够的睡眠并不是从时间上的多与少来分别的，而是视其能否达到熟睡的状态而定。睡眠时间一般应维持7~8小时，视个体差异而定。如果的确入睡快而睡眠深、一般无梦或少梦者，睡上6小时可完全恢复精力；而入睡慢而浅，睡眠多、常多梦者，即使睡上10小时，精神仍难清爽。一般来说，青少年比成年人相对要长些，老年人要比成年人多，女性比男性要多些。

另外，睡眠的环境也很重要。最适当的睡眠环境，应具备安静、遮光、舒适等这些基本条件。噪音的敏感度因人而异，任何声响超过60分贝，都会刺激人的神经系统，让人无法安稳入睡。卧室的温度、湿度及空气流通度对睡眠来说也不容忽视。太热或太冷的室温都会影响睡眠，温度应在摄氏21度至24度左右，依个人的体质而调整。最理想的湿度应是在百分之六十至七十，如果未能合乎标准，可以用冷暖气机或自动除湿机来自动调整室内温度及湿度。睡觉的时候，氧气也很重要，因此必需保持空气流通，千万不要因为怕冷而关闭所有门窗。此外，室内的电磁场对个人健康也有着很大的关系，睡眠前应该尽量将室内的手机或产生电磁场的电器关闭。强大的电磁场会影响我们的生理运作，比如会抑制褪黑激素的分泌。床在安放时，应该南北顺向，睡时头北脚南，使机体不受地磁干扰。

任何一种事物都有一个度，睡眠过少伤精神，损伤体质；睡眠过多，对身体同样有害，会使睡眠中枢处于疲劳抑制状态，使机体代谢功能和各器官的功能减弱，同时还会使人精神懒散、思维迟钝、机体乏力。由此可见，只有适当的睡眠，才能有益健康，增进体质。

健康的人际关系

人际关系是人与人之间在活动过程中直接的心理上的关系或心理上的距离。人际关系反映了个人或

群体寻求满足其社会需要的心理状态，它是我们生活中的一个重要组成部分。倘若搞不好人际关系，将对我们的工作、生活及心理健康有不良的影响。

社会的基本结构是家庭，家庭和睦、相亲相爱，是人们精神愉悦的基础。欢乐使人精力充沛，体力旺盛。在充满着爱的家

庭里，孩子的生长发育水平相对较高；一个破碎的、教育水平有缺损的家庭，孩子心理的忧郁，会抑制内分泌的活动和生长素的分泌，影响生长发育。家庭和人体质的关系很大程度上是通过心理因素而影响有机体的。

社会的特征是人与人的相处和从事社会活动。每个人都有自己周围的人群，结合形成各种各样的人际关系，亲属之间、同学之间、师生之间、同事之间、上级与下级之

间等等都有着人际关系。人际关系相处得好，会使人愉快，有力、有安全感、有信心。相反，人际关系紧张，会使人心情烦燥，体液调节失调，因而影响人体健康。

正确处理人际关系，重要的是要正确认识自己，评价自己，在了解自己的优点和长处之外，应该知道自己的缺点和不足。古语说：人贵有"自知之明"。了解自己越多，越知道自己的不足，越要求自己严格，因而对周围，对别人也越客观，人际关系也越会协调。自我感觉良好的人，大多是估计自己过高，估计别人过低，而造成人与人之间关系紧张。

处理好人际关系的关键是要意识到他人的存在，理解他人的感受，既满足自己，又尊重别人。人的思想各种各样，应该了解别人，理解别人，尊重别人，胸怀开阔、宽容待人，这样，人际关系就会协调。社会的进步、物质的丰富，促

进人们对生活有更高的追求，人类的体质也是在这新的条件下发展提高的。但是，追求要从现实和可能出发，而且要适度，因为需求既有心理欲望，又导致生理活动，生理活动反应愈深，长期下去会引起机体生理性紊乱而抵抗力减弱，精神涣散，内分泌失调而患疾病。

人生活在社会群体之中，互助和竞争并存，如学习上的上进，工作上的进取，市场上的效益等都贯穿着这对矛盾而又统一的个体，处理好二者关系，要付出精力和体力，只要正确认识客观，认识自我，争取和竞争将成为人生的乐趣，非但不会损伤身体，还有利于精神和体力获得发展。

健康的心理调节

人的健康不仅包括生理健康，同时还包括心理健康。人的心理

表现有喜、怒、忧、思、悲、恐、惊，简称为"七情"，中医学上认为七情郁结是内伤的主要致病因素。从现代医学来解释，这是人的心理状态引起神经系统功能的紊乱，从而影响内分泌失去平衡，使有关器官、系统的支配和调节机能发生障碍。例如，持久忧虑，会使消化液减少，肠胃蠕动减弱，易患消化性疾病；情绪过分紧张，愤怒，会使肾上腺髓质素分泌增多，促使心跳加剧，血压升高，血脂含量增高；当人害羞时，会使肾上腺皮质素增多，使表皮血管护张，出现脸红等等。

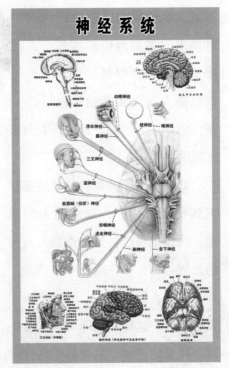

神经系统

现代医学研究证实，人的情绪不安会影响大脑和内分泌系统的功能，如果刺激过度便会导致疾病发生。因为人类大脑中的下丘脑是情绪兴奋中心，又是调控各种内分泌腺体活动的枢组，不良情绪会直接刺激下丘脑，而影响内分泌活动，以致引起病变。相反，下丘脑经常受到良好情绪的刺激，能促进分泌的加速活动，而对机体产生良好的作用，并提高功效。因此，人体任何部位的机能都与心理活动有关，同时，身体各部位的机能变化，也会引起强烈的心理变化，再返过来又影响机体的功能。

随着经济的发展，生活节奏的加快，太累、太疲劳渐渐成为了人们日常生活中的流行词。医学心理学研究表明，心理疲劳是由长期的精神紧张压抑、反复的心理刺激及复杂的恶劣情绪逐渐影响形成，如果得不到及时疏导的化解，时间久了就会在心理上造成心理障碍、心理失控甚至心理危

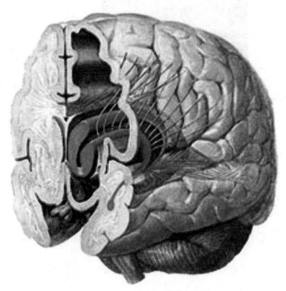

背侧丘脑

机，在精神上会造成精神萎靡、精神恍惚甚至精神失常，引发多种心身疾患，如紧张不安、动作失调、失眠多梦、记忆力减退、注意力涣散、工作效率下降等，以及引起诸如偏头痛、荨麻疹、高血压、缺血性心脏病、消化性溃疡、支气管哮

导致心理压力的原因。其次，要学会自我调节。关键在于平时要养成开朗、乐观的性格，遇到困难要有信心，有主见，同时待人接物要随和。再次，要注意避免不必要的心理浪费。生活中让人不如意的事情很多，当你意识到某些令人烦心的

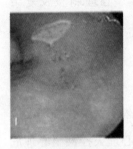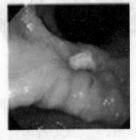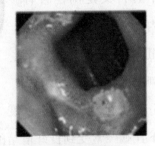

各种消化性溃疡

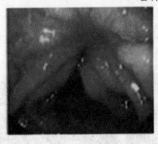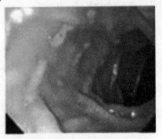

喘、月经失调、性欲减退等疾病。

　　因此，一旦由于心理压力大而感到疲惫不堪时，必须进行积极的心理调试和治疗。首先，要找出

事不能改变时，要勇敢面对它并伺机寻求解决问题的方式，避免那些无休止的苦思冥想和不切实际的幻想。

第二章

现代医学

　　人类防治疾病、保障健康的社会实践，至今已有几千年的历史。在长期的医疗实践中，人们不断积累经验，这些经验经过系统总结便形成了医学。医学的发展分为古代医学延续至今的传统医学和近现代医学。

　　现代医学基本上是在近一二百年形成的，它主要包括临床医学、群体医学、基础医学三个部分。临床医学主要以求诊病人为对象，探讨疾病的诊断和治疗问题。临床医学是传统医学的主体，也是现代医学科学的核心。它由内科、外科、儿科、皮肤科、精神病科、护理学等组成，此外还有许多辅助诊断和治疗的学科，如医学影像学、实验室医学、放射治疗学、核医学等部门。

　　在这一章里，我们就来一起谈一下有关现代医学方面的知识。

透　析

透析也称为血液透析或者肾透析，主要用于治疗肾功能疾病。其基本过程是将病人的血液从体内引出，用透析器净化后再输回体内。这种疗法可以使病人体液内的某些不需要的成分（如溶质或水分）通过半透膜排出体外。常用的透析法有血液透析和腹膜透析。

◆ 血液透析疗法

血液透析疗法是将患者的血液和透析液同时引进透析器，再利用透析器的半透膜将血中蓄积过多的毒素和过多的水分清出体外，并补

充碱基以纠正酸中毒，调整电解质紊乱，替代肾脏的排泄功能。

血液透析的适应症包括：急性肾功能衰竭；急性药物或毒物中

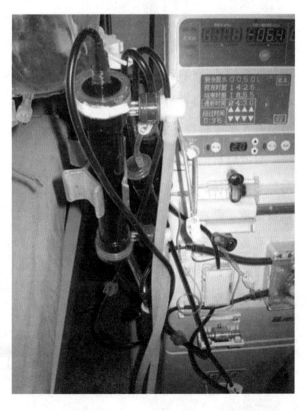

血液透析治疗

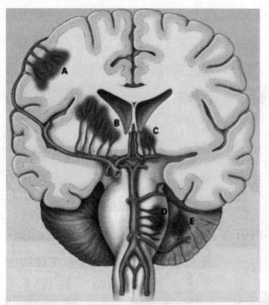

及严重贫血者；精神病不合作者；恶性肿瘤患者。

对于一般的患者而言，每周需要血液透析3次，每次4～5小时。15～60岁患者透析效果较好而且安全，但由于透析技术的不断改进和新透析设备的不断出现，70岁以上的患者也可以获得好的疗效。为保证透析患者的生存质量，提高康复率，血透

毒；慢性肾功能衰竭；肾移植前的肾功能衰竭或移植后排异反应使移植肾无功能者；肝功能衰竭、精神分裂症、牛皮癣等。

血液透析的相对禁忌症包括：病情极危重、低血压、休克者；严重感染败血症者；严重心肌功能不全或冠心病者；大手术后3日内者；严重出血倾向、脑出血

患者还应该保证每日摄入蛋白质1.0～1.2克/千克体重，同时还应摄入足够的水溶性维生素及微量元素以补充透析丢失的量。

◆ 腹膜透析疗法

腹膜透析是利用腹膜作半透膜，通过腹透管向腹腔注入腹透

液，通过弥散原理清除毒素，纠正电解质及酸碱平衡紊乱，通过向腹透液内加葡萄糖以提高腹透液的渗透压的原理以达到超滤脱水，替代肾脏的排泄功能。

腹膜透析分为持续性非卧床式腹膜透析、持续性循环式腹膜透析及间歇性腹膜透析三种。一般来说，患者每日应进行4～6

次腹透，每次灌入2000毫升腹透液。腹膜透析无需依赖机器，操作简便，无需特殊培训人员，价格低廉，在基层医疗单位一般都可以进行。虽然腹膜透析和血液透析的适应症相同，但各有利弊，不能相互取代，因此应根据患者的原发病因、病情及医疗、经济条件作适当选择，使患者得到最大治疗效果。

腹膜透析的适应症包括：急性肾功能衰竭者；慢性肾功能衰竭者；肾移植前的肾功能衰竭或移植后排异反应使移植肾无功能

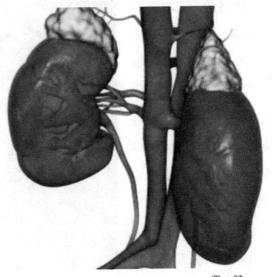

肾　脏

腹膜透析

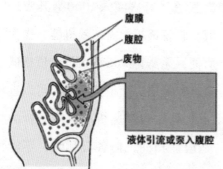

腹膜
腹腔
废物

液体引流或泵入腹腔

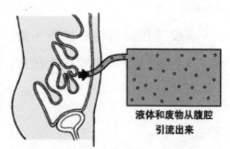

液体和废物从腹腔
引流出来

者；肝功能衰竭、精神分裂症、牛皮癣患者等。

腹膜透析的禁忌症包括：腹部大手术后3日内；腹壁有感染无法殖入腹透管者；腹膜有粘连或有肠梗阻者；腹腔肿瘤、肠瘘、膈疝患者等。

严格的无菌操作以及足够的营养是腹膜透析成功的保证。无菌操作不严格可引起腹膜炎，反复发作腹膜炎可使腹壁的透析面积减少，透析疗效减退。此外由于腹膜上的膜孔大于血透器膜上的孔径，故营养物质从腹透液的

丢失较血透时严重。腹膜透析的存活率第1、2、3、4、5年分别为90%、80%、70%、65%及46%，平均每年递减10%。

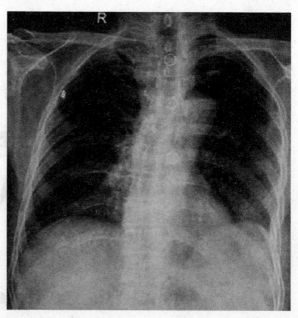

健康小知识

透析患者可以吃的水果

　　一般来说，透析患者基本上没有忌口的水果。情况视各自病情来定。腹膜透析的患者是不予以限制的，如果出现低钾的情况，还要鼓励吃些含钾丰富的水果，如柑、橙等。无尿的透析患者和血液透析患者在非透析的时间要杜绝含钾的食物。含钾的食物主要有：

　　高钾蔬菜：绿叶蔬菜（如菠菜、空心菜、苋菜、莴苣）、菇类、紫菜、海带、胡萝卜、马铃薯。

　　高钾水果：香蕉、番茄、枣子、橘子、柳丁、芒果、柿子、香瓜、葡萄柚、杨桃，建议每次以一种水果为主，

份量约1/6为宜。

　　低钾水果：凤梨、木瓜、西瓜、水梨、草莓、柠檬等，但也不宜吃大量。

引　流

引流是指通过外科手术排出体内脓液，它是为了保证缝合部位

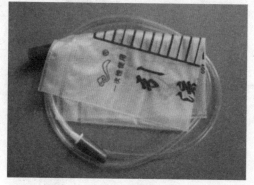

的良好愈合，防止感染扩散，促使炎症早日消退的一种手术方法。当手术切口内里有渗血、渗液或是切口感染不能控制，或是手术后需要减压以促进伤口愈合时，都可以实施引流。引流时一般要以引流物置于体腔、浓腔或创口内，使里面的积液、积脓、积血、积气等排出体外。常见的引流术有脓肿切开引流

术、胸腔引流术、腹腔引流术等，下面我们来简单介绍一下这三种引流术。

◆ 脓肿切开引流术

脓肿切开引流术主要有以下几种：

（1）直肠粘膜下脓肿切开引流术：脓肿位于直肠上部者，不必麻醉；脓肿靠近齿线者，

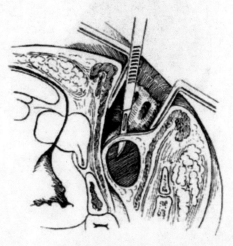

直肠粘膜下脓肿切开引流术

因痛觉敏感，宜用局麻或鞍麻。插入肛门拉钩，发现脓肿后，在脓肿隆起处用尖刃刀刺破粘膜，排尽脓液。再用止血钳纵行钝性扩大切口（与脓腔大小相等），清除坏死组织，不放引流。

（2）肛周皮下脓肿切开引流术：截石位或侧卧位。在肛周脓肿处作放射形切口，长度与脓腔大小相当。切开皮肤后，用止血钳钝性分离，进入脓腔，排出脓液。然后，用手指伸入脓腔探测大小，并将脓腔中纤维间隔分开（如肛门外括约肌皮下组有

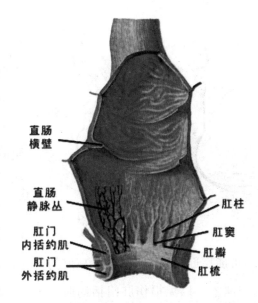

直肠横壁

直肠静脉丛

肛门内括约肌

肛门外括约肌

肛柱

肛窦

肛瓣

肛梳

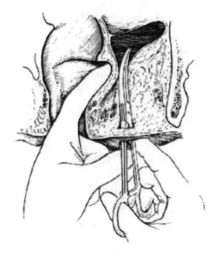

坐骨直肠间隙脓肿切开引流术

碍引流时，可将其切断，但勿损伤其深层）。最后清除腔内坏死组织，脓腔内置凡士林纱布引流。为了避免日后形成瘘管，切开脓肿后，应寻找发炎的隐窝（即内口），将其与切口之间的组织切开，通畅引流。如内口在肛管直肠环以上者，则不切开，以分期手术为宜，可用丝线穿过内口待2～3周后瘘管形成时再行切开。

（3）坐骨直肠间隙脓肿切开引流术：在有波动的部位，作一前后直切口或略呈弧形切口。切口

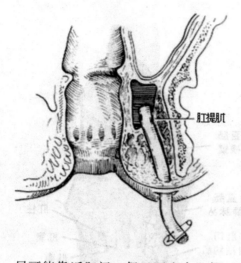

肛提肌

尽可能靠近肛门，但又至少离肛门2.5厘米，以免损伤肛门括约肌。切开皮肤后，用止血钳钝性分入脓腔，将脓液排出。伸入示指，探查脓腔范围，分开脓腔中纤维间隔，根据脓肿范围，向前后方向扩大切口。坐骨直肠间隙能容纳60～90毫升脓液，如术中排出脓液超过90毫升时，应考虑已与对侧坐骨直肠间隙或其上方的骨盆直肠间隙相通，确诊后须分别引流。然后修剪凸出的伤口边缘。止血后放入凡士林纱布条引流。

（4）骨盆直肠间隙脓肿切开引流术：操作大致与坐骨直肠间隙

脓肿切开引流术相同，但切口须偏向肛门后外侧，距肛门缘2.5厘米前后方向切开。当止血钳插入坐骨直肠间隙后，用左手示指插入直肠，引导止血钳向深处探入。待脓液排尽后，切除创缘两侧凸出边缘，在脓腔内置一香烟引流。

（5）直肠后间隙脓肿切开引流术：在肛门后外侧切开后，用手指在直肠内引导，用止血钳向后、内方分离，进入脓腔，排出脓液。分开止血钳扩大引流口后，置香烟引流。

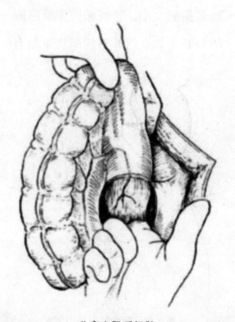

分离直肠后间隙

◆ 胸腔引流术

胸腔插管引流术是通过一小切口将导管插入胸膜腔。

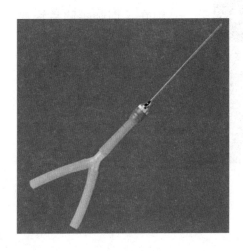

胸腔插管和引流可用于多种情况：自发性或创伤性气胸导致肺萎陷大于25%或气胸进行性增加，特别是导致呼吸窘迫或严重气体交换障碍时，对胸腔穿刺抽液无法解决的大量或复发性良性胸腔积液、脓胸、血气胸、恶性胸腔积液。对凝血障碍病人，如果有上述指征，仍应行胸腔插管引流，但必须特别小心。

对气胸患者，通常在第2或第3肋间隙的锁骨中线处插入导管，并朝向肺尖。胸腔积液和其他胸水患者，则取第5或第6肋间隙的腋中线，插入时导管方向朝后。包裹性积液或脓胸插管位置按需而定。利多卡因麻醉同胸腔穿刺。在切口周围做一荷包口缝合。用血管钳分离皮下组织和肋间肌直至壁层胸膜，然后将导管引导穿过壁层胸膜。最好用血管钳夹住导管的头部，引入

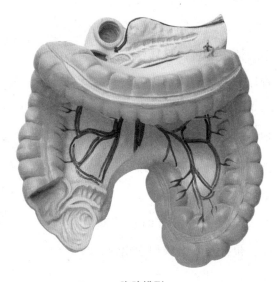

胸腔模形

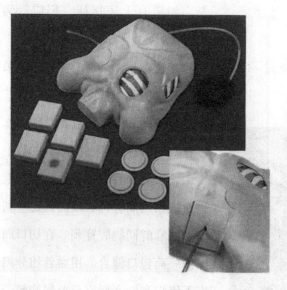

气肿，导管异位损伤，局部感染或疼痛。由于毛细血管通透性增加所致的复张性肺水肿，特别在长期肺萎陷后快速复张病人中易发生。如果胸膜有粘连或胸膜明显增厚，插管困难。其他困难还包括：血块或胶状炎性物的存在，以及导管阻塞或扭曲所导致胸膜腔引流不畅。

胸膜腔，朝向按前文所述，然后关闭荷包缝口，并将导管缝于胸壁。导管连接简单水封引流装置（积液或脓胸）或负压吸引泵。术后，胸部摄片以确定导管的位置和作用。当病情缓解后，将导管拔除，如插管原因是气胸，则拔管前必须夹管数小时，并经胸部摄片以确定胸膜裂口已停止漏气。对于正压呼吸支持的患者，插管一直维持到撤机完成后，有时需多根插管。

胸腔引流术有时会出现并发症：包括肋间血管损伤出血，皮下

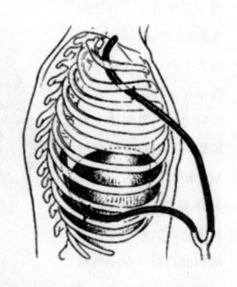

◆ 腹腔引流术

腹腔引流是在腹腔内放置一引流物将液体等从腹腔内引流到体外的一种外引流术。这种引流术可以预防血液、消化液、渗出液等在腹腔内积聚，以免组织损伤，继发感染等；排除腹腔脓液和坏死组织，防止感染扩散；促使手术野死腔缩小或闭合，保证伤口良好愈合。

腹腔引流的适应症包括：腹部手术止血不彻底，有可能继续渗血、渗液者；腹腔或腹腔脏器积脓、积液切开后，置引流物不断排出继续形成的脓液和分体物，使伤口腔隙逐渐缩小而愈合；腹部伤口清创处理后，仍有残余感染者；肝、胆、胰手术后，有胆汁或胰液从缝合处渗出和积聚时；消化道吻合或修补后，有消化液渗漏者。

进行腹腔引流术后有时会引发如下并发症：

感染：可因引流管道选用不当、留置时间过久或在引流管护理时无菌操作不严所致。

损伤：由于引流位置较深，解剖关系不清，临床经验不足而损伤周围组织和脏器，如损伤肠管、肝脏、膀胱等。

出血：多发生于术后、换药、换管和并发感染时。

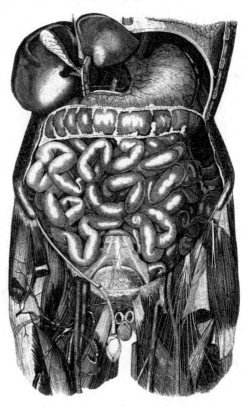

慢性窦道形成：由于引流不畅、反复感染、异物刺激、坏死组织或留有死腔、引流物放置时间过长而形成。

引流管滑脱、阻塞和拔管困难：因术中引流管固定不牢，多在病人活动时脱出，一般要再次插管，否则会造成严重后果；管腔内有脓块、血凝块、异物等可引起引流管阻塞；若固定缝线过紧，留管时间较长，可引起拔管困难。

因此，腹部引流的护理要做到妥善固定引流管和引流袋，防止病人在变换体位时压迫、扭曲或因牵拉引流管而脱出。另外，还应该尽可能地避免或减少因引流管的牵拉而引起的疼痛；保持引流通畅，若发现引流量突然减少，病人感到腹胀、伴发热，应检查引流管腔有无阻塞或引流管是否脱落；注意观察引流液的颜色、量、气味及有无残渣等，准确记录24小时引流量，并注意引流液的量及形状的变化，以判断病人病情发展趋势；注意观察引流管周围皮肤有无红肿、皮肤损伤等情况；疼痛观察：引起病人引流口处疼痛常是引流液对周围皮肤的刺激，或由于引流管过紧地压迫局部组织引起继发感染或迁移性脓肿所致，这种情况也可能会引起其他部位疼痛，局部固定点的疼痛一般是病变所在。如出现剧烈腹痛突然减轻情况，应高度怀疑脓腔或脏器破裂，注意观察病人腹部体征的变化；每1周更换2～3次无菌袋，更换时应注意无菌操作，先消毒引流管口后再连接引流袋，以免引起逆行感染。

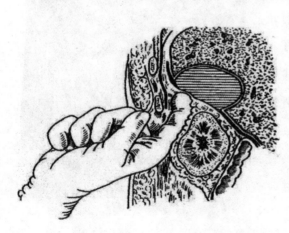

腹腔引流术

 健康小知识

十二指肠液引流术

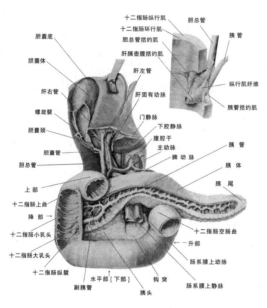

十二指肠纵行肌　胆总管
十二指肠环行肌　　胰管
胆总管括约肌
肝胰壶腹括约肌
胆囊底
胆囊体　肝左管
肝右管　肝固有动脉　纵行肌纤维
螺旋襞　门静脉　胰管括约肌
胆囊颈　下腔静脉
胆囊管　腹腔干
胆总管　主动脉　胰管
脾动脉　胰体
上部　胰尾
十二指肠上曲
降部一　十二指肠空肠曲
十二指肠小乳头　升部
十二指肠大乳头　肠系膜上动脉
十二指肠纵襞　肠系膜上静脉
水平部[下部]　钩突
副胰管　胰头

胆道、十二指肠和胰腺（前面观）

十二指肠液引流术，是用十二指肠引流管将十二指肠液及胆汁引流出体外的检查方法，此术可协助诊断胆囊和胆管的炎症、梗阻、结石及胆系运动功能异常，也可协助肝胆寄生虫病的诊断，如华支睾吸虫（肝吸虫）、蓝氏贾第鞭毛虫病等，此外还能测定十二指肠液的胰酶，以了解胰腺功能，十二指肠引流本身对胆系感染也有治疗作用。

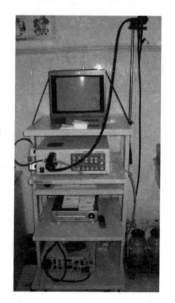

脑电图

◆ 脑电图的概念和特点

脑电图是将人体脑组织生物电活动放大记录的一门技术，主要用于神经系统疾病的检查。它对被检查者没有任何创伤。脑电图对脑部疾病有一定的诊断价值，但是由于受到各种条件的制约，因此并不能作为诊断的唯一依据，而需要结合患者的症状、体征、其他实验检查或辅助检查来综合分析。由于它反映的是"活"的脑组织功能状态，所以，自20世纪30年代出现以来，对神经系统疾病的诊断一直发挥着重大作用。

健康的人除个体差异外，在一生不同的年龄阶段，脑电图都各有其特点，但就正常成人脑电图来讲，其波形、波幅、频率和位相等都具有一定的特点。临床上根据其频率的高低将波形分成以下四种：

β波：频率在13C/S以上，波幅约为δ波的一半，额部及中央区最明显。

α波：频率在8～13C/S，波幅25～75μV，以顶枕部最明显，双侧大致同步，重复节律地出现δ波称θ节律。

Φ波：频率为4～7C/S，波幅

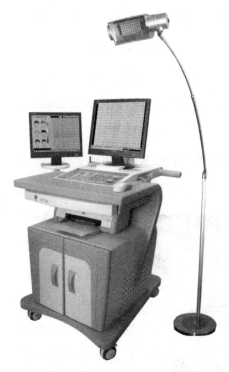

很不规则或很不稳定，睁眼抑制反应消失或不显著。额区或各区出现高幅β波。Q波活动增加，某些部位Q活动占优势，有时各区均见Q波。过度换气后出现高幅Q波。

中度异常脑电图：α节活动频率减慢消失，有明显的不对称。弥散性Q活动占优势。出现阵发性Q波活动。过度换气后，成组或成群地出现高波幅δ波。

重度异常脑电图：弥散性Q及δ活动占优势，在慢波间为高电压δ活动。α节律消失或变慢，出现阵发性δ波，自发或诱发地出现高波幅棘波、尖波或棘慢综合波。出

20～40μV，是儿童的正常脑电活动，两侧对称，颞区多见。

δ波：频率为4C/S以下，δ节律主要在额区，是正常儿童的主要波率，单个的和非局限性的小于20μV的δ波是正常的，局部性的δ波则为异常。δ波和β波统称为慢波。

异常脑电图可分为轻度、中度及重度异常。

轻度异常脑电图：α节律

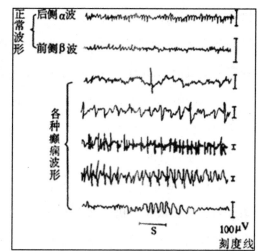

现爆发性抑制活动或平坦活动。

◆ 影响脑电波的因素

影响脑电图的主要因素有年龄、个体差异、意识状态、外界刺激、精神活动、药物影响和脑部疾病等。其中年龄和个体差异与脑生

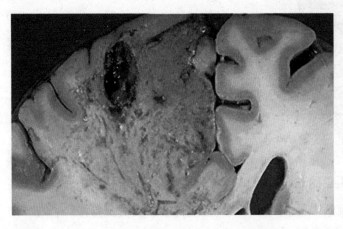

物学特点及遗传心理因素有关。外界刺激与精神活动引起的脑波改变属于脑机能活动的一些生理性变化。药物影响和脑部疾病所产生的脑波变化往往是病理性的，但也可以是一过性和可逆性的。

（1）年龄和个体差异。脑电图作为客观反映大脑机能状态的一个重要方面，和年龄的关系非常密切。脑电图可以观察到随年龄增加的脑波发展变化。年龄阶段不同，脑波可显示明显的差异。另一方面，由于小儿时期脑兴奋抑制机制发育水平的年龄差异，因而对内、外界各种因素影响的反应较成人显著，容易出现明显的脑波异常，而且异常的范围也较广泛，但相应的消失也较成人快。在小儿时期异常脑波的出现也与年龄有关。年龄不同，异常波型也不相同，在癫痫时尤其如此。到成年时，脑波逐渐稳定，中年后随着脑机能的逐渐减退，脑波又产生相应的变化。到老年期由于有脑缺血性损害或有脑萎缩存在，大多数也会出现有意义的脑波异常。关于脑波的个体差异多在1岁后出现，并随年龄的增加而逐渐增加，至成人时脑波差异已相当显著。许多研究结果认

为脑电图与遗传及心理特征有一定关系，但出生后各种环境因素对大脑和心理性格的形成也有一定的影响。

（2）意识状态。脑电图能够反映意识觉醒水平的变化，成人若在觉醒状态出现困倦时，脑电图就由 α 波占优势图形出现振幅降低，并很快转入涟波状态。入睡后脑波变化将进一步明显并与睡眠深度大致平行。在病理状态下，脑电图波形的异常又与病因及程度有关，除大多数表现为广泛性或弥漫性波外，还可见到一些其他的异常波型。临床上常根据这些异常波型来推断意识障碍的病因、程度，还可确定病位。

（3）外界刺激与精神活动。脑波节律一般易受精神活动的影响，如当被试者将注意力集中在某一事物或做心算时，α 节律即被抑制，转为低幅 β 波，而且精神活动越强烈，α 波抑制效应就越明显，外界刺激也可引起同样的变化。

癫痫脑电检测

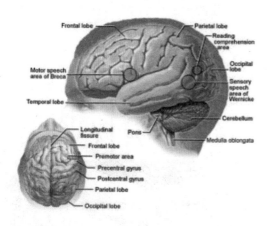

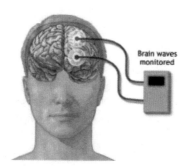

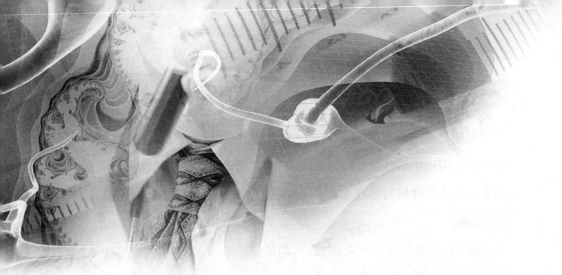

（4）体内生理条件的改变。临床上诸如缺血缺氧、高血糖、低血糖、体温变化、月经周期的变化、妊娠期、基础代谢等都直接影响脑组织的生化代谢，所以脑波也相应地出现变化。如脑组织酸中毒时，脑血管扩张，脑血流量增加，将引起脑波振幅降低和出现快波化。

（5）药物影响。在临床上大多数药物对脑机能会产生直接或间接的影响，尤其是那些直接作用于中枢神经系统的药物可引起明显的脑波变化。具体变化与个体差异、药物种类、服药方法、药量等都有很大关系。如口服药，刚开始和增加药量时会出现脑波变化，有些在停药后的短期内脑波改变仍可持续存在，甚至会出现一种反跳现象而见到脑波增强，因此在临床上治疗癫痫的时候是不能突然换药或停药的。

胃　镜

◆ 胃镜的概念及发展

胃镜是胃部诊断和疾变诊断中常用的一种检查方法，全称叫纤

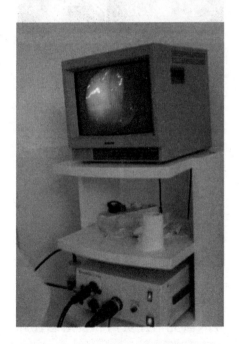

维胃镜检查。主要用于在胃镜的直视下，观察胃部病理变化，或采集

胃部少量组织做组织学检查，或用胃镜来消除胃内异物、摘除胃内息肉、胃内止血等。胃镜检查能直接观察到被检查部位的真实情况，更可通过对可疑病变部位进行病理活检及细胞学检查，以进一步明确诊断，是上消化道病变的首选检查方法。

1868年，德国人库斯莫尔借鉴江湖吞剑术发明了最早的胃镜，这个所谓的胃镜其实就是一根长金属管，末端装有镜子。但是，这种胃镜容易戳破病人的食道，因此没过多久就废弃了。1950年，日本医生宇治达郎成功发明了软式胃镜的雏形——胃内照相机。它借助一条纤细、柔软的管子伸入胃中，医生可以直接观察食道、胃和十二指肠的

病变，尤其是微小的病变。

目前，临床上最先进的胃镜是电子胃镜。电子胃镜具有许多别的胃镜所没有的优点，比如影像质量好、屏幕画面大、图像清晰、分辨率高、镜身纤细柔软、弯曲角度大、操作灵活等，有利于诊断和开展各种内镜下治疗，并有储存、录相、摄影等多种功能，便于会诊及资料保存等。

◆ 纤维胃镜

纤维胃镜是用导光玻璃纤维束

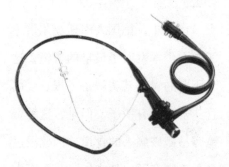

制成的胃镜，从口腔插入通过食管进入胃部。它具有柔软可曲、冷光光源、窥视清晰、直接、操作安全等优点。纤维胃镜主要用于胃部

各种病变及某些食道疾病，如食道炎、溃疡、肿瘤、静脉曲张等的确诊、复查、活检以及治疗，如胃内

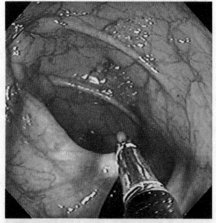

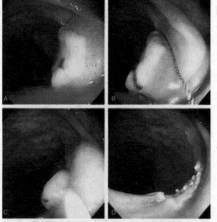

息肉切除

异物夹取、电凝止血、息肉切除及导入激光治疗贲门和食道恶性肿瘤等。

纤维胃镜从20世纪50年代就应

用于诊断疾病。我国是从70年代开始逐渐在临床上推广应用。纤维胃镜具有细而软、易弯曲的优点，检查时能减少病人痛苦，医生可以直接看到食管、胃及部分十二指肠的情况，较X线钡餐检查效果好。它能发现病变及其性质，最重要的是能在病变部位取小块标本作病理检查，在显微镜下看病变细胞是什么样子，有无癌细胞，对明确诊断、发现早期胃癌很有帮助。

一般纤维胃镜、十二指肠镜工作长度70～140厘米，有多种型号，每一种型号的长度也各不相同。它可以从食管的开口部，一直看到十二指肠。这些部位有病如炎

性）粘膜萎缩、胃肠憩室、壁弹性、胃上口贲门、胃的下口幽门口

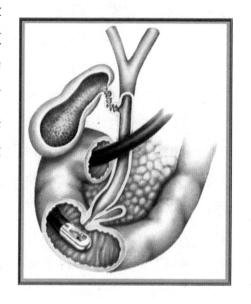

闭开是否正常，有无十二指肠液从胃下口幽门返流到胃。出血者不仅可以急诊做胃镜检查出血部

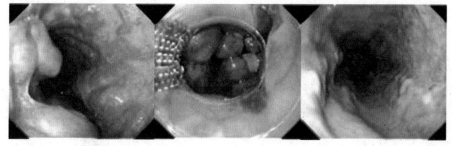

食管静脉曲张

症、糜烂、溃疡、出血、食管静脉曲张、血管瘤、肿瘤（良性或恶

位和性质，而且也可以通过胃镜给药止血。

电子胃镜是目前世界上最先进的消化道内窥镜仪器之一。它比纤维胃镜在技术手段上更先进，它能将诊断和治疗巧妙地配合起来，由一根直径很小，长约105厘米的橡皮管组成，橡皮管内部是数以万计的光导纤维，头端装有一个电子微型摄像机，终端连接有监视器。检查时，将电子胃镜通过口腔插入到胃中，头端的微型摄像机将探查到的图像通过光导纤维传输到监视器上，这样就可以十分清晰地观察到胃内病变，连针尖大小的出血点都能看到。

电子胃镜主要适用于有上消化道症状（例如恶心、呕吐、厌食、吞咽困难、腹痛、腹胀、不明原因的呕血、黑须等）的人群。在检查过程中，除了有不同程度的恶心外，无其他不适感。对于仍有恐惧感的人，可以选择做无痛苦电子胃镜检查。电子胃镜可以检查出食管、胃和十二指肠的疾病，有症状和无症状的人上消化道粘膜病变在电子胃镜下将一览无余。在西方一些发达国家，已将电子胃镜检查列入50岁以上中老年人健康体检的基本项目，因而大大提高了癌前病变和早期胃癌的诊断率。

电子胃镜不但可以诊断疾病，而且还可以治疗疾病。例如上消化道出血的病人，就可在电子胃镜下止血治疗；胃息肉也可以在电子胃镜下进行高频电切，以防癌变；食管癌性狭窄不能进食，可以在电子胃镜下进行扩张，置入支架，马上就可以解决进食问题。

内 窥 镜

◆ 内窥镜的概念

　　内窥镜是一种常用的医疗器械，由可弯曲部分、光源及一组镜头组成。它可以经口腔进入胃内或经其他天然孔道进入体内。利用内窥镜可以看到X射线不能显示的病变，对医生非常有用。

◆ 内窥镜的发展

　　1853年，法国医生德索米奥创制了世界上第一个内窥镜。最早的内窥镜被应用于直肠检查。医生在病人的肛门内插入一根硬管，借助于蜡烛的光亮，观察直肠的病变。这种方法所能获得的诊断资料有限，病人不但很痛苦，而且由于器械很硬，造成穿孔的危险很大。

　　尽管有这些缺点，内窥镜检查一直在继续应用与发展，并逐渐设计出很多不同用途与不同类型的器械。1855年，西班牙人卡赫萨发明了喉镜。1861年，德国人海曼·冯·海

海曼·冯·海莫兹

莫兹于发明了眼底镜。1878年，爱迪生发明了灯泡，特别是出现微型灯泡后，使内窥镜有了很大发

展。1878年德国泌尿科专家姆·尼兹创造了膀胱镜，用它可以检查膀胱内的某些病变。1897年，德国人哥·基利安设想支气管镜。20多年以后，在美国人琼·薛瓦利埃·杰克逊的推动下，支气管镜进

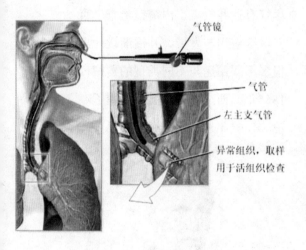

气管镜

气管

左主支气管

异常组织，取样用于活组织检查

入了实用阶段。不久，在常规的肺病检查中开始使用这种支气管镜。1903年，美国人凯利创制了直肠镜，但是到1930年后才开始普遍使用。1913年，瑞典人雅各布斯改革了胸膜镜检查法。1922年，美国人欣德勒创立了胃镜检查法。1928年，德国人卡尔克创立了腹镜检查法。

1936年，美国人斯卡夫进行了脑室镜检试验，直到1962年，才由德国人古奥和弗累斯梯尔创立了脑室镜检法。从此形成一整套镜检法系列。

随着现代化科学技术的发展，内窥镜经过彻底改革，用上了光学纤维。1963年，日本开始生产纤维内窥镜，1964年研制成功纤维内窥镜的活检装置，这种取活检的特别活检钳能够有合适的病理取材而且危险小。1965年，纤维结肠镜制成，扩大了对于下消化道疾病的检查范围。1967年开始研究放大纤维内窥镜以观察微细病变。光纤内窥镜还可以用来做体内化验，如测量体内温度、压力、移位、光谱吸收

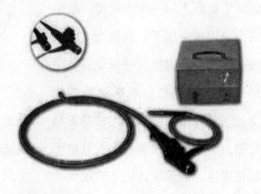

以及其他数据。1973年，激光技术应用于内窥镜的治疗上，并逐渐成为经内窥镜治疗有消化道出血的手段之一。1981年，内窥镜超声波技术研制成功，这种把先进的超声波技术与内窥镜结合在一起的新发展，大大增加了对病变诊断的准确性。

◆ 内窥镜术

内窥镜术应用可送入人体腔道内的窥镜在直观下进行检查和治疗的技术。内窥镜术分为无创伤性和创伤性两种。前者指直接插入内窥镜，用来检查与外界相通的腔道（如消化道、呼吸道、泌尿道等）；后者是通过切口送入内窥镜，用来检查密闭的体腔（如胸腔、腹腔、关节腔等）。内窥镜按结构分为金属硬管式、纤维光导术、电子摄像式三类。电子摄像式用微电子技术摄像、显像。其外形与纤维光导式内窥镜相同。将各种内窥镜的接目镜与微型摄像头的连接器相连接，即可将影像显示在电视屏幕上进

行观察，效果与电子内窥镜相似。内窥镜按用途分为消化道、泌尿生殖道、呼吸道、体腔和头部器官窥镜等。

纤维胃、十二指肠镜是临床上应用最广泛的内窥镜。金属硬管式结肠镜又称乙状结肠镜，常用于乙状结肠和直肠病变的检查，或采标本送病理或病原体检查。检查前病人需行清洁灌肠，在膝肘位进行检查。纤维结肠镜外形与纤维胃镜相同，有长、中、短三种规格。呼吸系统所用的内窥镜包括支气管镜、胸腔镜和纵隔镜。金属硬管式气管镜只用于小儿气管异物的去除。广泛应用的纤维支气管镜外形与纤维胃镜相似，但镜身细短。除严重的心肺功能不全者外，大部分人均可做此项检查，是用于支气管、肺、胸膜疾病的诊断和治疗较简便安全的方法。对肺癌诊断的阳性率较高。对肺结核尤其是支气管内膜结核诊断的阳性率更高。也可用于抢救危重病人。胸腔镜用来诊断胸

腔和肺部疾患。将内窥镜置入泌尿系统（膀胱、输尿管、肾盂），可对泌尿系统疾病进行诊断和治疗。宫腔镜为金属硬管式，受检者排空膀胱后取截石位，不需麻醉，精神紧张者可于术前肌注镇静药。腹腔

镜多为金属硬管式，必须在无菌条件下使用，以免引起腹腔感染。眼底镜又称检眼镜，除直接观察视神经、视网膜等病变外，还可通过眼底血管的变化判定高血压、动脉硬化的程度，以及根据视神经乳头水肿情况判断脑水肿状况。

放疗与化疗

◆ 放 疗

放疗就是放射治疗，指用X线，γ线、电子线等放射线照射在癌组织，由于放射线的生物学作用，能最大量的杀伤癌组织，破坏癌组织，使其缩小。这种疗法，是利用放射线对癌细胞的致死效果的疗法，由于足够的放射剂量仅是对被照射部位有治疗效果，所以，是和外科手术疗法相同为局部疗法。

放疗是一个复杂、基础知识广的学科，基础包括：放射物理、放射生物、肿瘤学、临床放疗技术，被称为四大支柱，不可缺一。除此之外，临床各学科都有与肿瘤有密切关联的知识。虽然放射治疗的发展历史只有80多年，但发展很快，

从X线机到超高压装置，目前还在加速并且不断完善更新，出现了质子射线，负π介子等特殊放疗。当前的放射治疗技术有：外照射，腔内和组织间照射为近距离照射，

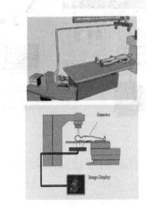

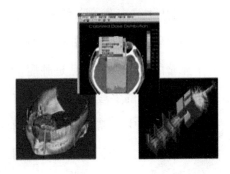

立体定向放射和"代谢性"照射。目前临床常用的放射治疗可分为体外和体内两种，前者应用X线治疗机、钴60治疗机或中子加速器进行治疗，后者则应用放射性核素进行治疗。目前，除了采用高能X线、γ射线外，开始利用高能粒子线进行癌的放射疗法。今后可以期待这

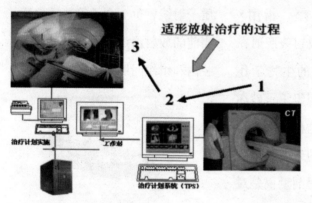

适形放射治疗的过程

种方法在放射疗法法中起到更重要的作用。

从19世纪末发现X线和镭以来，用放射性治疗恶性肿瘤已经取得了显著的效果。放疗已是肿瘤治疗中不可缺少的手段之一。在所有恶性肿瘤病人中，需用放射治疗的在60%～70%，有不少肿瘤习以用

放疗治愈，如：口咽、舌根、扁桃体癌的放疗治愈在37%～53%，上颌窦、鼻腔筛窦癌38%～40%，早期的舌癌、鼻咽和宫颈癌86%～94%，食管癌早期80%和中晚期在8%～16%，国外的早期直肠、喉癌80%～97%等，故由此看来，放疗在肿瘤治疗上是有重要价值的。但是放疗也有不小的弊端，它会产生放射性皮炎、放射性食管炎以及出现食欲下降、恶心、呕吐、腹痛、腹泻或便秘等诸多毒副反应。

不过，如果利用中药与化疗进行配合治疗，不但可有效的消除这些毒副反应，而且还可以增加癌细胞的放射敏感性，帮助放射线彻底杀灭癌细胞。

◆ 化 疗

化疗指化学治疗，即用化学合成药物治疗疾病的方法。化学药物

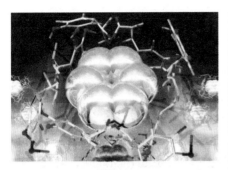

癌细胞

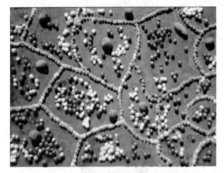

正常细胞

治疗（简称化疗）是目前治疗肿瘤及某些自身免疫性疾病的主要手段之一。但是，化疗对癌细胞和正常细胞没有分辨能力，所以无法根治肿瘤，多次放化疗后，患者会出现头发脱落，胃肠功能紊乱，低烧不退，恶心，呕吐等一系列副作用。特别是中晚期肿瘤或身体虚弱的病人，盲目使用化疗，不仅会导致病情迅速恶化，而且还会加速病人的死亡。因此，对中晚期肿瘤或身体虚弱的病人，应及时采取中医治疗，调理人体脏腑功能，及时提高免疫能力。防治化疗所致恶心呕吐的方法很多，如果能从饮食，精神及中西药等多个方面加以综合防治，可以取得满意的效果。

许多化疗药物来源于自然，如植物，而其他是人工合成。目前已超过50种化疗药物，如常用的有：表阿霉素、阿霉素、柔红霉素、丝裂霉素、氟脲嘧啶脱氧核等。这些药物经常以不同的强度联合应用。

一些化疗药物是以片剂的方式服用，另一些是经肌肉注射或皮下注射的，还有脊髓腔内注入（鞘内注射），常用的是静脉注射。静脉

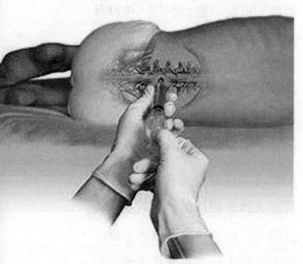

注射可在数分钟内完成，也可放在大容积的液体内滴注数小时。有时数种药物会同时应用。

化疗还有一定的副作用，主要体现在以下方面：

（1）身体衰弱：患者可出现周身疲乏无力、精神萎靡、出虚

汗、嗜睡等。

（2）免疫功能下降：化疗药物可损害患者的免疫系统，导致免疫功能缺陷或下降。

（3）骨髓抑制：大多数化疗药物均可引起骨髓抑制，表现为白细胞和血小板下降，甚者红细胞、血色素下降等。

（4）消化障碍：食欲下降、饮食量减少、恶心、呕吐、腹胀、

腹痛、腹泻或便秘等。很多化疗药物通过刺激胃肠道粘膜引发上述症状。

（5）炎症反应：发热、头晕、头痛、口干、口舌生疮等。

（6）心脏毒性：部分化疗药物可产生心脏毒性，损害心肌细胞，患者出现心慌、心悸、胸闷、心前区不适、气短等症状，甚至出现心力衰竭。

（7）肾脏毒性：有些化疗药大剂量可引起肾功能损害而出现腰痛、肾区不适等。

（8）肺纤维化：环磷酰胺、长春新碱、博莱霉素等可引起肺纤维化，拍胸片可见肺纹理增粗或呈条索状改变。对既往肺功能差的患者来说更为危险，甚者会危及生命。

（9）静脉炎：绝大多数化疗药物的给药途径是静脉滴注，可引起不同程度的静脉炎，病变的血管颜色变成暗红色或暗黄色，局部疼痛，触之呈条索状。严重者可导致栓塞性静脉炎，发生血流受阻。

（10）神经系统毒性：主要是指化疗药物对周围末梢神经产生损害作用，患者可出现肢端麻木，肢端感觉迟钝等。如长春新碱、长春花碱、长春酰胺、诺威本等均可出现不同程度的神经毒副反应。

（11）肝脏毒性：几乎所有的化疗药物均可损害肝功能，轻者可出现肝功能异常，患者可出现肝区不适。甚者可导致中毒性肝炎。

（12）膀胱炎：异环磷酰胺、斑蝥素、喜树碱等可使病人出现小腹不适或胀痛、血尿等一系列药物性膀胱炎症状。

健康小知识

化疗食谱

在整个化疗的进程中，选择食物的原则是：高热量、高维生素、低脂肪的清淡饮食。注意增加品味，如甜、酸等可刺激食欲，减少化疗所致的恶心、呕吐、食欲不振。

一般常食：番茄炒鸡蛋、山楂炖瘦肉、黄芪羊肉汤及虫草烧牛肉等。还有鲜蜂王浆、木耳、猴头、鸡肫等食品，既补气又健血又健脾胃，减少反应，提高警惕疗效。但要忌腥味。食补中除注意化疗病人的饮食原则外，还要根据癌症的诊断、病人反应，提高疗效。但要忌腥味。

食补中除注意化疗病人的饮食原则外，还要根据癌症的诊断、病人的体质及所用的化疗药物来区别选择饮食。

基因疗法

胞的染色体中，使人体细胞就可以

◆ 基因疗法的概念

　　所谓基因疗法，也就是通过基因水平的操作来治疗疾病的方法。目前的基因疗法是先从患者身上取出一些细胞（如造血干细胞、纤维干细胞、肝细胞、癌细胞等），

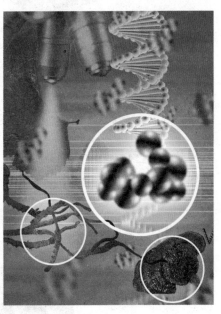

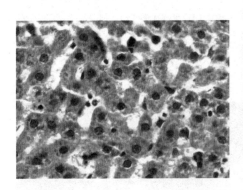

然后利用对人体无害的逆转录病毒当载体，把正常的基因嫁接到病毒上，再用这些病毒去感染取出的人体细胞，让它们把正常基因插进细

"获得"正常的基因，以取代原有的异常基因；接着把这些修复好的细胞培养、繁殖到一定的数量后，送回患者体内，这些细胞就会发挥"医生"的功能，把疾病治好。

◆ 基因疗法的应用

美国医学家Ｗ·Ｆ·安德森等

将含有这个女孩自己的白血球的溶液输入她左臂的一条静脉血管中，这种白血球都已经过改造，有缺陷

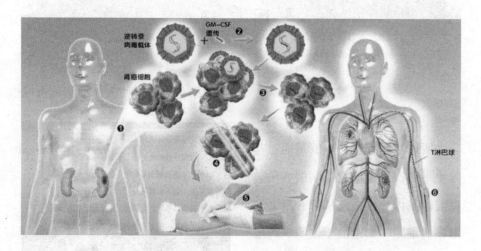

人对腺甘脱氨酶缺乏症的基因治疗，是世界上第一个基因治疗成功的范例。

1990年9月14日，安德森对一例患ＡＤＡ缺乏症的4岁女孩进行基因治疗。这个4岁女孩由于遗传基因有缺陷，自身不能生产ＡＤＡ，先天性免疫功能不全，只能生活在无菌的隔离帐里。他们

的基因已经被健康的基因所替代。在以后的10个月内她又接受了7次这样的治疗，同时也接受酶治疗。

1991年1月，另一名患同样病的女

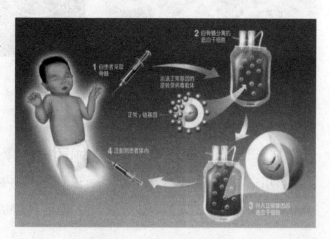

孩也接受了同样的治疗。两患儿经治疗后，免疫功能日趋健全，能够走出隔离帐，过上了正常人的生活，并进入普通小学上学。继安德

林之后，法国巴黎奈克儿童医院的费舍尔博士与卡波博士也对两例先天性免疫功能不全的患儿成功地进行了基因治疗。

尽管目前只有极少数的基因疗法开始在临床试用，大多数还处于研究阶段，但它的潜力极大、发展前景广阔。

◆ 基因检测

基因来自父母，几乎一生不变，但由于基因的缺陷，对一些人来说天生就容易患上某些疾病，也就是说人体内一些基因型的存在会增加患某种疾病的风险，这种基因就叫疾病易感基因。只要知道了人体内有哪些疾病的易感基因，就可以推断出人们容易患上哪一方面的疾病。然而，如何才能知道自己有哪些疾病的易感基因呢？这就需要进行基因检测。

基因检测是如何进行的呢？用

专用的采样棒从被测者的口腔黏膜上刮取脱落细胞，通过先进的仪器设备，科研人员就可以从这些脱落细胞中得到被测者的DNA样本，对这些样本进行DNA测序和SNP单核苷酸多态性检测，就会清楚地知道

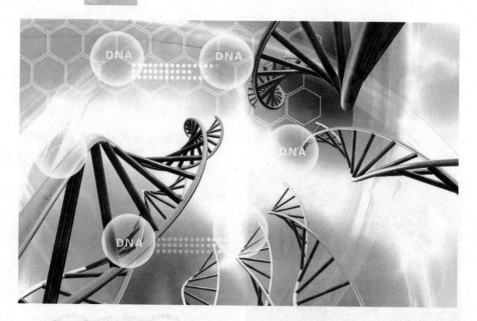

被测者的基因排序和其他人有哪些不同，经过与已经发现的诸多种类疾病的基因样本进行比对，就可以找到被测者的DNA中存在哪些疾病的易感基因。

　　基因检测不等于医学上的医学疾病诊断，基因检测结果能告诉你有多高的风险患上某种疾病，但并不是说您已经患上某种疾病，或者说将来一定会患上这种疾病。通过基因检测，可向人们提供个性化健康指导服务、个性化用药指导服务和个性化体检指导服务。就可以在

疾病发生之前的几年、甚至几十年进行准确的预防，而不是盲目的保健；人们可以通过调整膳食营养、改变生活方式、增加体检频度、接受早期诊治等多种方法，有效地规避疾病发生的环境因素。

　　基因检测不仅能提前告诉我们有多高的患病风险，而且还可能明确地指导人们正确地用药，避免药物对身体的伤害。基因检测将会改变传统被动医疗中的乱用药、无效用药和有害用药以及盲目保健的局面。

器官移植

◆ 器官移植概念

　　器官移植是将健康的器官移植到通常是另一个人体内使之迅速恢复功能的手术，其目的是代偿受者相应器官因致命性疾病而丧失的功能。广义的器官移植包括细胞移植

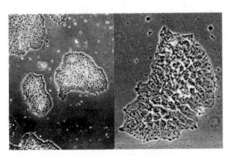

和组织移植。若献出器官的供者和接受器官的受者是同一个人，则这种移植称自体移植；若供者与受者虽非同一人，但供受者（即同卵双生子）有着完全相同的遗传素质，

这种移植叫做同质移植。人与人之间的移植称为同种（异体）移植；不同种的动物间的移植（如将黑猩猩的心或狒狒的肝移植给人），属于异种移植。

◆ 器官移植的分类

　　根据器官供者和受者在遗传基因的差异程度，异体移植术可分为四类：同种移植术，即供、受者属同一种属，但 不相同的个体间的移植，如不同个体的人与人、狗

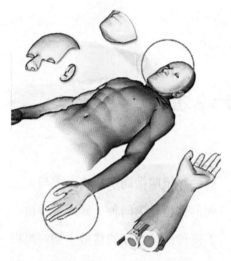

自同系（同基因）供者移植物后不发生排斥反应，如动物实验中纯种同系动物之间的移植，临床应用的同卵孪生之间的移植。

根据移植物植入部位，移植术可分为：原位移植，即移植物植入

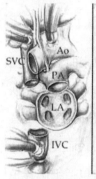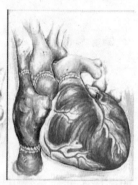

与狗之间的移植；同种异体移植为临床最常见的移植类型，因供、受者遗传学上的差异，术后如不采用适当的免疫抑制措施，受者对同种移植物则不可避免地会发生排斥反应；异种移植术，即不同种属（如猪与人）之间的移植，术后如不采用强而有效的免疫抑制措施，受者对异种移植物则不可避免地会发生强烈的异种排斥反应；同质移植术，即供者与受者虽非同一个体，但二者遗传基因型完全相同，受者接受来

到原来的解剖部位，移植前需将受者原来的器官切除，如原位心脏移植、原位肝移植；异位移植，即移

植物植入到另一个解剖位置，一般情况下，不必切除受者原来器官，如肾移植、胰腺移植一般是异位移

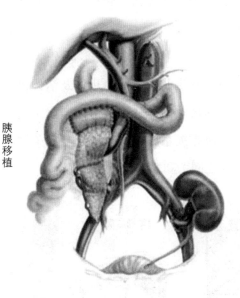

胰腺移植

植；旁原位移植，即将移植物植入到贴近受者同名器官的位置，不切除原来器官，如胰腺移植到紧贴受者胰腺的旁原位胰腺移植。

　　根据不同的移植技术，移植术可分类为：吻合血管的移植术，即移植物从供者切取下来时血管已完全离断，移植时将移植物血管与受者的血管予以吻合，建立有效血液循环，移植物即刻恢复血供。临床

上大部分器官移植如心脏移植、肝移植、肾移植、胰腺移植等都属此类。带蒂的移植术，即移植物与供者始终带有主要血管以及淋巴或神经的蒂相连，其余部分均已分离，以便转移到其他需要的部位，移植过程中始终保持有效血供，移植物在移植的部位建立了新的血液循环后，再切断该蒂。这类移植都是自体移植，如各种皮瓣移植。游离的移植术，即移植物移植时不进行血管吻合，移植后移植物血供的建立依靠周缘的受者组织产生新生血管

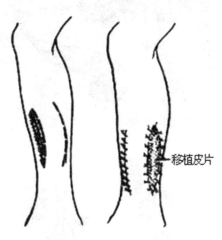

移植皮片

并逐渐长人。游离皮片的皮肤移植即属此类。输注移植术，即将移植

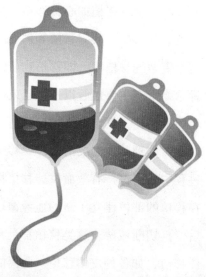

物制备成保存活力的细胞或组织悬液，通过各种途径输入或注射到受者体内，如输血、骨髓移植、胰岛细胞移植等。

根据移植物来源不同分为胚胎、新生儿、成人、尸体及活体供者移植。活体又包括活体亲属（指有血缘关系如双亲与子女、兄弟姊妹之间）和非亲属（如配偶）。

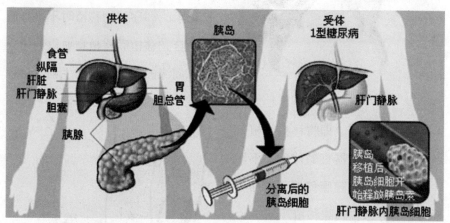

根据移植物性质分类为细胞、组织和器官移植。为了准确描述某种移植术，往往综合使用上述分类，如原位尸体心脏同种移植、活体亲属同种异体肾移植、血管吻合

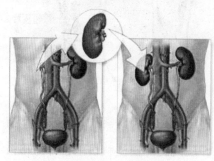

异体肾移植

的胎儿甲状旁腺异位移植等。

◆ 器官移植的发展

经过半个世纪的临床实践，器官移植现在已经成为治疗各种器官衰竭的有效手段。1954年，Murray等在同卵孪生兄弟之间进行同种肾移植并获成功，成为器官移植临床应用的一个里程碑。由于Murray对器官移植的伟大贡献，他与对骨髓移植做出突出贡献的Thomas共同获得了1990年诺贝尔医学奖。此后，随着对免疫排斥反应机制的不断深入研究、各种免疫抑制剂的开发和应用、长期血液透析的广泛开展，以及人类白细胞组织相容性抗原定型用于供者和受者的选择，肾移植从非同卵孪生间、活体亲属之间移植，直到应用无关的尸体肾，都获得了成功。在肾移植获得成功的基础上激发了人们开展其他器官移植研究的兴趣，相继开展了原位肝移植和肺移植、胰肾联合移植、

原位心脏移植、心肺联合移植和小肠移植。在早期阶段，虽然有部分

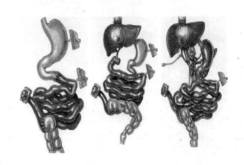

受者移植物获得长期存活，但总的效果并不令人满意。直到20世纪70年代末80年代初，由于新型免疫抑制剂环孢素A的问世，特别是

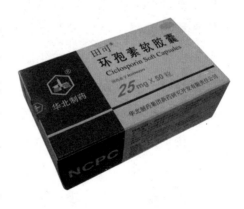

与器官移植相关的一些学科，如免疫学、外科学、药理学、病理学和分子生物学等学科的发展，推动了

器官移植的全面发展。到了20世纪90年代，各种不同类型的器官移植取得了巨大成绩。据不完全统计，截止到2003年底全世界已有百万余人次接受了各种不同类型的器官移植，而且现在仍以每年5～6万人的速度在增加，移植的效果也不断提高，移植后病人大部分恢复了健康，提高了生活质量，甚至恢复了工作能力。我国器官移植始于20世纪60年代，70年代末逐渐开展起来，80年代形成一定规模，到了90年代已能开展国外主要施行的各种不同类型的器官移植，近年全国每年约有7千余人接受各种器官移植，累积已达5万余例。在少数移植中心，某些器官的移植效果已经达到或接近国际先进水平。器官移植虽然得到飞速发展，但仍有许多问题需要研究解决，这还有待于生物学家和医学家们的进一步努力。

第三章

日常生活中的常见病

　　疾病是机体在一定的条件下，受病因损害作用后，因自稳调节紊乱而发生的异常生命活动过程。疾病的存在，是从痛苦和不适等自觉症状开始的。但不是所有的疾病都伴有痛苦不适，如肿瘤的早期、传染病的潜伏期，病人毫无不适感；也不是所有的疼痛都是疾病，如儿童出牙、妇女分娩等；所以痛苦只是一种症状，并不一定是疾病。随着医学的发展，人们查明一些症状常由一定的原因引起，这原因在人体内造成特定的病理改变，症状只是这些病理改变基础上出现的形态或功能的变化，这过程有一定的转归（死亡、致残、致畸等），于是人们称这一过程为"疾病"。

　　疾病种类很多，概括说来有两大类：一是生物病原体引起的疾病。由于病原体均具有繁殖能力，可以在人群中从一个宿主通过一定途径传播到另一个宿主，使之产生同样的疾病，故称可传染性疾病，简称传染病。此种疾病在人群大量传播时则称为瘟疫。二是非传染性疾病。随着传染病的逐渐控制，非传染性疾病的危害相对地增大，人们熟悉的肿瘤、冠心病、脑出血等都属于这一类。在这一章里，我们就来谈一下日常生活中的一些常见病。

红眼病

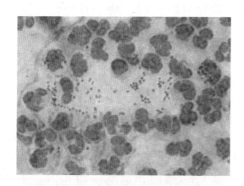

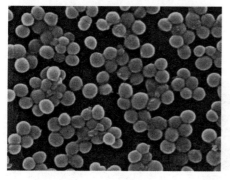

红眼病是传染性结膜炎，又叫暴发火眼，是一种急性传染性眼炎。它一般是由细菌感染引起，常见的细菌有肺炎双球菌、流行性感冒杆菌、金黄色葡萄球菌等。根据不同的致病原因，可分为细菌性结膜炎和病毒性结膜炎两类，其临床症状相似，但流行程度和危害性以病毒性结膜炎为重。一般多在春夏暖和季节流行，但由肺炎双球菌引起者多见于冬季。它主要通过接触传染，如接触患者用过的毛巾、洗脸用具、水龙头、门把、游泳池的水、公用的玩具等。因此，红眼病常在幼儿园、学校、医院、工厂等集体单位广泛传播，造成暴发流行。

◆ 红眼病的症状

红眼病一般不影响视力，如果大量粘液脓性分泌物粘附在角膜表面时，可有暂时性视物模糊或虹视（眼前有彩虹样光圈），一旦将分泌物擦去，视物即可清晰。如果细菌或病毒感染影响到角膜时，则畏光、流泪、疼痛加重，视力也会有一定程度的下降。

红眼病多是双眼先后发病，患病早期，病人感到双眼发烫、烧灼、畏光、眼红，自觉眼睛磨痛，像进入沙子般地滚痛难忍，紧接着眼皮红肿、眼眵多、怕光、流泪，早晨起床时，眼皮常被分泌物粘住，不易睁开。有的病人结膜上出现小出血点或出血斑，分泌物呈粘液脓性，有时在睑结膜表面形成一层灰白色假膜，角膜边缘可有灰白色浸润点，严重的可伴有头痛、发热、疲劳、耳前淋巴结肿大等全身症状。

红眼病发病急，一般在感染细菌1～2天内开始发病，且多数为双眼发病。传染性强，本病由于治愈后免疫力低，因此可重复感染（如再接触病人还会得病），从几个月的婴儿至八九十岁的老人都可能发病。流行快，患红眼病后，常常是一人得病，在1～2周内在全家、幼儿园、学校、工厂等广泛传播，不分男女老幼，大批病人感染。

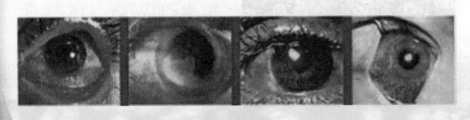

◆ 红眼病的预防与治疗

红眼病是一种传染性很强的眼病，因此，预防红眼病也和预防其他传染病一样，必须消灭传染源、切断传播途径和提高身体抵抗力3个环节。预防红眼病，平时要养成良好的卫生习惯，饭前、便后、外出回家后要及时用洗手液或肥皂洗手。个人要注意不用脏手揉眼睛，勤剪指甲。避免用手揉擦眼睛也十分重要。医院或社区发现"红眼病"患者应及时上报有关卫生防疫部门。积极治疗红眼病患者，并进行适当隔离。尽量不让患者到公共场所去（如游泳池、影剧院、商店等）。对个人用品（如毛巾、手帕等）或幼儿园、学校、理发馆、浴室等公用物品要注意消毒隔离（煮沸消毒）。有条件时应用抗生素或抗病毒眼药水点眼。

得了红眼病后要积极治疗，一般要求要及时、彻底、坚持。一经发现，立即治疗，不要中断，症状完全消失后仍要继续治疗1周时间，以防复发。治疗时可冲洗眼睛，在患眼分泌物较多时，宜用适当的冲洗剂如生理盐水或2%硼酸水冲洗结膜囊，每日2～3次，并用消毒棉签擦净睑缘。也可对患眼点眼药水或涂眼药膏。如为细菌性感染，可根据检查出的菌种选择最有效的抗生素眼药水滴眼，根据病情轻重，每2～3小时或每小时点眼药1次，常用眼药水有10%～20%磺胺醋酰钠、0.3%氟哌酸、0.25%氯霉素眼药水等，提高疗效。对混合病毒感染的结膜炎，除应用以上药物治疗外，还可用抗病毒眼药水，如为腺病毒可用0.1%羟苄唑眼药水、0.1%肽丁胺乳剂，如为小病毒可用0.1%疱疹净、0.1%无环鸟苷眼药水等，每日2～3次，必要时还可应用干扰素等。有条件时可进行细菌培养，并作药敏试验，以选用适当的抗生素。

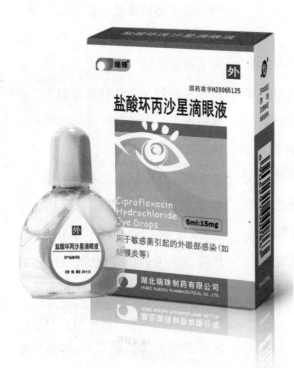

对红眼病也可采用中医治疗，中医称本病为暴风客热或天行赤眼，一般为外感风热邪毒所致，故宜驱风散邪，清热解毒，常用泻肺饮和银翘解毒丸。

晚上睡前可涂抗生素眼膏，如环丙沙星、金霉素或四环素眼药膏，每次点药前需将分泌物擦洗干净，以

当炎症控制后，为预防复发，仍需点眼药水1周左右，或应用收敛剂，如0.25%硫酸锌眼药水，每日2~3次，以改善充血状态，预防复发。

健康小知识

红眼病食疗

方法之一

组成：生姜1块。

用法：洗净去皮，用古铜钱刮汁点之，初点时频痛，点后即愈。

主治：天行赤眼。

方法之二

组成：生姜1块。

用法：切成薄片，贴于眼周皮肤上，用胶布固定。

主治：天行赤眼。

高血压

高血压病是指在静息状态下动脉收缩压和/或舒张压增高（大于等于140/90毫米汞柱），常伴有脂

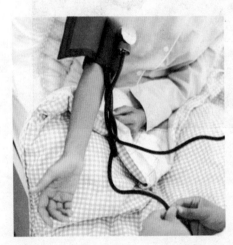

肪和糖代谢紊乱以及心、脑、肾和视网膜等器官功能性或器质性改变，以器官重塑为特征的全身性疾病。休息5分钟以上，2次以上非同日测得的血压大于等于140/90毫米汞柱可以诊断为高血压。

◆ 高血压病的症状

高血压的具体症状因人而异。早期可能无症状或症状不明显，仅仅会在劳累、精神紧张、情绪波动后发生血压升高，并在休息后恢复正常。随着病程延长，血压明显的

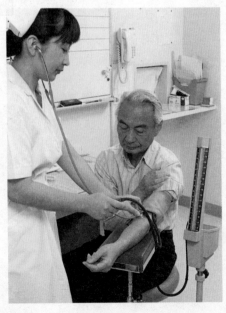

持续升高，逐渐会出现各种症状。此时被称为缓进型高血压病。

缓进型高血压病常见的临床症状有头痛、头晕、注意力不集中、记忆力减退、肢体麻木、夜尿增多、心悸、胸闷、乏力等。部分症状不是由高血压直接引起的，而是高级神经功能失调所致。

（1）头晕和头痛。头晕和头

痛是高血压最多见的脑部症状，大部分患者表现为持续性沉闷不适感，经常头晕可妨碍思考，降低工作效率，注意力不集中，记忆力下降，尤以近期记忆力减退为甚。长

期的高血压导致脑供血不足，也是引起头晕的原因之一。有些长期血压增高的患者对较高血压已适应，当服降压药将血压降至正常时，也会因脑血管调节的不适应产生头晕。当血压降得太低，有时也会感到头晕，这与脑供血不足有关。头痛可表现为持续性纯痛或搏动性胀痛，甚至有时引起恶心、呕吐，多因血压突然升高使头部血管反射性强烈收缩所致，疼痛的部位可在两侧太阳穴或后脑。

（2）胸闷心悸。高血压患者

由于血压长期升高会致使左心室扩张或者心肌肥厚，这都导致心脏的负担加重，进而发生心肌缺血和心律失常，患者就会感到胸闷心悸。

成各种严重的后果，成为高血压病的并发症。高血压常见的并发症有冠心病、糖尿病、心力衰竭、高血脂、肾病、周围动脉疾病、中风、左心室肥厚等。在高血压的各种并发症中，以脑、心、肾的损害最为明显。

脑出血。脑内小动脉的肌层和外膜均不发达，管壁薄弱，发生硬化的脑内小动脉若再伴有痉挛，便易发生渗血或破裂性出血（即脑出血）。脑出血是晚期高血压最严重

（3）失眠、肢体麻木。高血压患者由于脑神经功能紊乱，可出现烦躁、心悸、失眠、易激动等症状；全身小动脉痉挛以及肢体肌肉供血不足，可导致肢体麻木，颈背肌肉紧张、酸痛；原来鼻中隔部位血管存在缺陷的患者易发生鼻出血。

◆ 高血压并发症

高血压病患者由于动脉压持续性升高，引发全身小动脉硬化，从而影响组织器官的血液供应，造

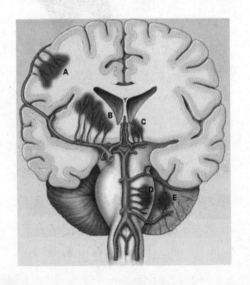

的并发症。出血部位多在内囊和基底节附近，临床上表现为偏瘫、失语等。

心力衰竭。心脏（主要是左

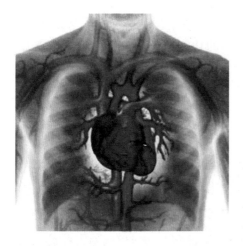

心室）因克服全身小动脉硬化所

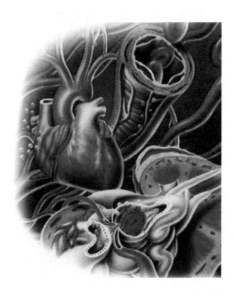

造成的外周阻力增大而加强工作，于是发生心肌代偿性肥大。左心室肌壁逐渐肥厚，心腔也显著扩张，心脏重量增加，当代偿机能不足时，便成为高血压性心脏病，心肌收缩力严重减弱而引起心力衰竭。由于高血压病患者常伴有冠状动脉粥样硬化，使负

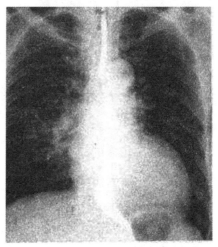

担加重的心脏处于缺血、缺氧状态，因而更易发生心力衰竭。

肾功能不全。由于肾入球小动脉的硬化，使大量肾单位（即肾小球和肾小管），因慢性缺血而发生萎缩，并继以纤维组织增生（这种病变称为高血压性肾硬化）。残

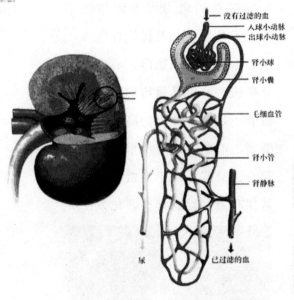

没有过滤的血
入球小动脉
出球小动脉
肾小球
肾小囊
毛细血管
肾小管
肾静脉
尿
已过滤的血

存的肾单位则发生代偿性肥大，扩张。在肾硬化时，患者尿中可出现较多的蛋白和较多的红细胞。在疾病的晚期，由于大量肾单位遭到破坏，以致肾脏排泄功能障碍，体内代谢终末产物，如非蛋白氮等，不能全部排出而在体内潴留，水盐代谢和酸碱平衡也发生紊乱，造成自体中毒，出现尿毒症。

◆ 高血压的治疗

高血压发病的原因，主要是房劳伤肾、郁怒伤肝造成的肝肾阴阳亏损。凡高血压患者发病是有规律的，都与房事泄精和生气郁闷有着极为密切的关系。房事过度就必定损伤脾肾的功能，长期郁闷必定产生瘀滞而暗耗肾精，而且，肝气郁滞就会损伤脾胃的正常功能（肝木克脾土），并会因为气滞而产生瘀血。高血压的治法：血压高而脉洪大、弦紧的患者，在较长一段时间内服用四逆汤和附子理中汤、金匮肾气丸就可以治愈。先服四逆汤3～5个月，再服附子理中汤半个月或2～3个月，后期附子理中汤、金匮肾气丸两方小剂量交替轮

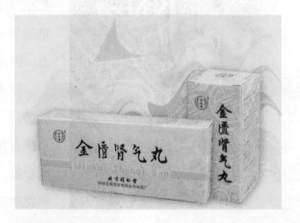

服，用量依据病情轻重而定。

得了高血压后仅靠食疗已不能控制血压，但高血压食疗是重要的辅助治疗的项目，时间长了就会显现出它的疗效。下面介绍一组高血压食疗方法，对高血压初期尤其有效：清早起来一杯冷开水约1000

钠排出体外，达到降压的目的，高血压初期，医生给患者开出双氢克尿塞等利尿的药物，机理就是利尿排泄，减少血溶量达到降压目的；食物中少吃煎、炒、油炸食物，多吃蔬菜和利尿降脂的食物，如冬瓜、煮黄豆等，多吃植物油，少吃

毫升，这样可以使一夜失去的水份得以补充，可使血液至少六小时变淡，直接减轻心脏和血管的压力。还能使动脉粥样斑块液化；限盐和无盐可以使血液粘度变淡，并有利于肾小球滤过，大量排尿又可以使

动物油；不管什么食物，你都得控制到半饱和八成饱的份上，并不靠零食补充。能按照上述高血压食疗原则控制饮食，一小段时间后患者

可能就不需要高血压治疗药物了。

除了中医及食疗等处方，还应该通过适当的运动来帮助高血压病者康复。运动类型的选择要以有氧代谢运动为原则。要避免在运动中做推、拉、举之类的静力性力量练习或憋气练习。应该选择那些有全身性的、有节奏的、容易放松、便于全面监视的活动项目。有条件的可利用活动跑道、自行车功率计等进行运动。较适合高血压病康复体育的运动种类和方法有气功、太极拳、医疗体操、步行、健身跑、有氧舞蹈、游泳、娱乐性球类、效游、垂钓等等。

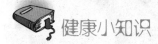

健康小知识

降压的注意事项

1、严格控制血压在140～90毫米汞柱以下，年龄越小，控制越严，最好每天监测血压变化，至少每周测一次血压。

2、坚持服用降压药物，不可随意停药，应按医嘱增减降压药物。

3、24小时稳定控制血压，使血压波动较小，不可将血压降得过低。

4、控制血糖、血脂、血粘度。

5、减轻体重，达到正常标准。

6、戒烟酒，要低盐低脂饮食。

7、坚持有氧体育锻炼，如慢跑、游泳、骑车、练太极拳等。每天30分钟以上，每周至少5次。

脑血栓

　　脑血栓是在脑动脉粥样硬化和斑块基础上，在血流缓慢、血压偏低的条件下，血液的有形成分附着多发生于50岁以后，男性略多于女性。

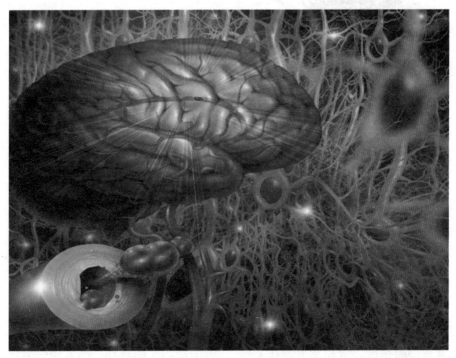

◆ 脑血栓的形成

　　在动脉的内膜形成血栓，称之为脑血栓。临床上主要表现为偏瘫，

　　脑血栓的形成是缺血性脑血管

病的一种，多见于中老年人，没有明显的性别差异。它主要是由脑血管壁本身的病变引起，最常见的病因是动脉硬化。由于脑动脉硬化，

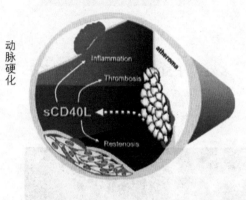

动脉硬化

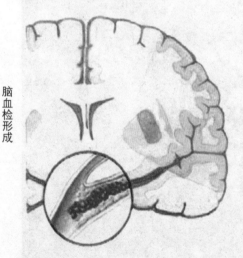

脑血栓形成

管腔内膜粗糙、管腔变窄，在某些条件下，如血压降低、血流缓慢或血液粘稠度增高、血小板聚集性增

强等因素的作用下，凝血因子在管腔内凝集成块，形成血栓，使血管闭塞，血流中断，从而使血管供血区的脑组织缺血、缺氧、软化、坏死而发病。

◆ 脑血栓的症状

　　脑血栓患者发病前有肢体发麻，运动不灵、言语不清、眩晕、视物模糊等征象。常于睡眠中或晨起发病，患肢活动无力或不能活动，说话含混不清或失语，喝水发呛。多数病人意识消除或有轻度障碍。面神经及舌下神经麻痹，眼球震颤，肌张力和腹反射减弱或增强，病理反射阳性，腹壁及提睾反射减弱或消失。脑血栓的范围较大或多次复发后，不少病人会有精神和智力上的障碍，表现为记忆力和计算力下降、反应迟钝、不能看书写字，最后发展为痴呆，连吃饭、大小便均不能自理。病人还会出现胡言乱语、抑郁狂躁、哭笑无常等病态。

脑血栓在治疗后有时还会出现后遗症，最常见的就是偏瘫。偏瘫是指一侧肢体肌力减退、活动不利或完全不能活动。脑血栓病人偏瘫一般发生在脑部病变的对侧，如果是左侧的脑出血或脑梗死，引起的一般是右侧的偏瘫，反之也是一样。偏瘫病人还常伴有同侧肢体的感觉障碍，如冷热不知、疼痛不觉；有时还有同侧的视野缺损，表现为平视前方时看不到瘫痪侧的物品或人，一定要将头转向瘫痪侧才能看到。以上这三种症状，就是人们通常所说的"三偏"。

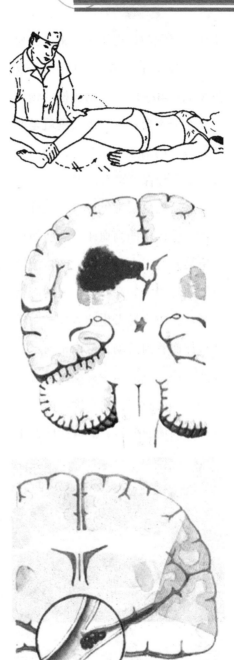

◆ 脑血栓的预防

脑血栓的预防分为一级预防、二级预防、三级预防三个阶段，在这三个阶段中，二级预防最为重要。在国外，由于二级预防做的好，脑血栓疾病复发率仅是我国的1/3～1/2。而在我国，由于二级预防做得不够完善，脑血栓的复发率是美国的三倍，5年复发率高达40%以上。脑血栓的预防工作十分重要，其中的关键就是要扭转患者的治疗预防观念，同时普及国家医疗保险覆盖范围。

脑血栓病最常见于老年人群，它的发生不仅同高血压、动肪硬化的进展有关，也与老年人的血液粘度增高有很大关系。老年人的血粘度越高，越容易发生脑血栓。血液在人体血管内流动，就像是河水，流速越快，沉淀越少；反之，流速越慢，沉淀越多。血粘度增高势必导致血液流速减慢，血液中的血小

板、胆固醇、纤维蛋白等物质便在血管壁上沉淀下来，时间长了，沉

淀物越积越多，再加上高血压、动脉硬化等疾病，便会导致脑血栓的形成。因此，人们在日常生活中一定要注意一些生活细节以预防脑血栓。这些生活细节主要包括以下几个方面：

（1）饮食调整

遵循多品种适量与平衡的饮食原则，安排好一日三餐。要增加膳食纤维和维生素C的食物，其中包

括粗粮，蔬菜和水果。有些食物如洋葱、大蒜、香菇、木耳、海带、

山楂、紫菜、淡茶、魔芋等食品有降脂作用，应适量食用。平时宜吃清淡、细软、含丰富膳食纤维的食物，宜食用采用蒸、煮、炖、熬、清炒、汆、熘、温拌等烹调方法做的食物，不适宜煎、炸、爆炒、油淋、烤等方法做的食物。

（2）生活规律

生活一定要有规律，尤其是老年人，因为老年人的生理调节和适应机能减退，无规律的生活易使代谢发生紊乱从而促进脑血栓的形成。切忌饭后就睡，因为饭后血液聚集于胃肠，以助消化器官的血供，而饭后脑部血供相对减少，同时吃过饭就睡血压会下降，会使脑部血供进一步减少，血流缓慢易形成血栓。因此，最好饭后半小时再睡觉。

（3）睡前一杯水

科学研究发现，人的血液粘度在一天之中是不断变化的，并且具有一定的规律性：在早晨4点至8点血粘度最高，以后逐渐降低，至凌晨达至最低点，以后再逐渐回升，至早晨再次达到峰值。这种规律性的波动在老年人群中表现得更是突出。此外，脑血栓的发病时间多在早晨至上午期间，这也从一个侧面

说明血粘度增高同脑血栓的发生有必然的联系。科学研究证实，如果在深夜让老年人喝200毫升矿泉水，到了早晨血粘度会有所下降。因此，医学界普遍认为晚上饮水可以降低血粘度，维持血流通畅，防止脑血栓的形成。当然，脑血栓形成的原因是多方面的，血粘度增高只是其中之一，但可以确定的是，养成睡前饮水的习惯对预防脑血栓的发生会有一定的作用。

（4）注意天气变化，戒降烟酒

老年人天气适应能力比年轻人要弱许多，过冷或过热都有可能使血粘度增加诱发脑中风。因此，首先要随时注意天气冷暖的变化，以便随时增减衣服。其次，戒烟，戒酒对于脑血栓的预防也重要。

（5）叩齿

叩齿的方法是：把上下牙齿整口紧紧合拢，且用力一紧一松地咬牙切齿，咬紧时加倍用力，放松时也互不离开，每次做数十次紧紧松松地咬牙切齿。这样可以使头部、颈部的血管和肌肉、头皮及面部有序地处于一收一舒的动态之中，能加速脑血管血流循环，使已趋于硬化的脑血管逐渐恢复弹性，大脑组织血氧供应均充足，既能消除因血液障碍造成的眩晕，还有助防止脑中风发生。经常叩齿可巩固牙根和牙周组织，对保

护牙齿、防止龋齿也有很大的好处。此外，中医学上还认为，齿的坚固与肾有关，所以，经常叩齿对于肾气充盛、预防腰痛和耳聋目眩等也有很好的作用。

◆ 脑血栓的治疗

脑血栓一经发现应及时治疗，这对于降低患者死亡率、减轻患者后遗症、促进患者功能恢复有着重要的意义。对于急性脑血栓，一般的治疗原则是改善脑循环、防治脑水肿、治疗合并症。

（1）改善脑的血循环

恢复血运，一般采用扩容和血管扩张剂治疗，可以改善脑的血循环，增加脑血流量，促进侧枝循环建立，以图缩小梗塞范围。常用的药物有低分子右旋糖酐、706代血浆、烟酸、罂粟碱、维脑路通、654-2、复方丹能注射液、川芎嗪、抗栓丸、已酮可可碱、培他定、西比灵等。

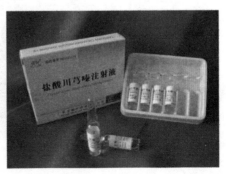

（2）抗凝疗法

抗凝疗法适应于存在高凝状态的病人，目的是为了防止血栓扩延加重病情。用抗凝疗法前，通常应该行脑CT检企，证明为缺血性病变。有出血倾向者，如活动性溃疡病、严重肝肾疾病及感染性血管检塞忌用。每日应测出凝血时间、凝血酶原时间及活动度。

（3）溶栓疗法

溶栓疗法，无论是静脉给药还是动脉给药，都需要严格掌握适应证和用药时机。一般认为，溶栓药物应早期使用（脑血栓发病1天内，血栓富含水分，易溶解），见效快、疗程短。溶栓和抗凝疗法一样，要密切注意出血倾向，需在医生的指导下使用。

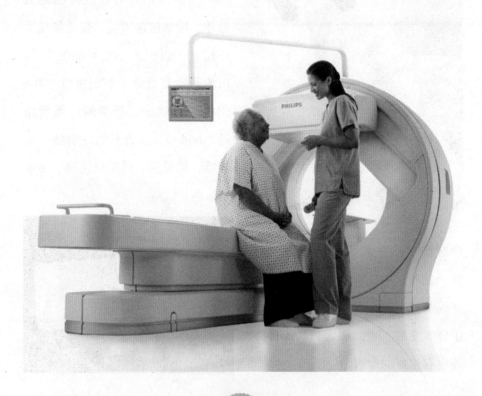

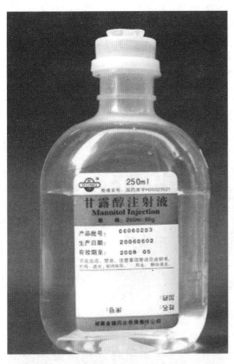

（4）防治脑水肿

临床上目前最常用的药物有三大类，即高涌液、利尿剂及自由基清除剂。高渗液能起到高渗利尿脱水作用，常用甘露醇和甘油。甘露醇能降低全血粘度，减少血管阻力，提高脑灌注量，改善脑循环。甘油有利于细胞毒性脑水肿的消除；促代谢而改善脑功能；渗透压性利尿作用较小，肾损害较轻。

（5）高压氧治疗

高压氧治疗吸氧时间总共为90～110分钟，每日1次，10次为1疗程。尽管高压氧和混合高压氧治疗脑梗塞有些报道有效，但是也有人认为效果并不可靠，所以目前未能广泛开展。

（6）外科手术治疗

外科手术治疗的选择适应症较严格。其适应证如下：颈内动脉外段血栓形成，管腔完全闭塞或狭窄程度超过50%以上者，作血栓摘除以及动脉内膜切除术。颈内动脉血栓形成尚未建立良好的侧校循环者，可作颖浅动脉和大脑中动脉分支吻合术。大网膜移植术和

死组织，或行颞肌下减压术。颈椎病变压迫推动脉时，可根据具体情况手术治疗。

（7）中医中药治疗

祖国医学对本病的治疗积累了丰富的临床经验。依据病人脉证，判断病情轻重、病位浅深、阴阳偏颇、气血盛衰、标本兼顾等辨证施治。

（8）颅脑超声波治疗

超声波穿透颅骨通过脑实质时，机械振荡波被组织吸收，转化为热能。组织受温热作用后局部血流增加，血液循环得以改

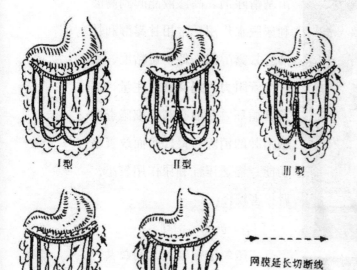

Ⅰ型　　　Ⅱ型　　　Ⅲ型

Ⅳ型　　　Ⅴ型

网膜延长切断线

脑—颞肌瓣覆盖术治疗脑梗塞，通过临床观察，带血管蒂大网膜颅内移植。较游离的网膜移植和颞肌瓣脑表面覆盖效果好。如已形成脑软化灶，临床有颅高压表现，或有脑疝迹象者，经降颅压药物治疗效果不显著，应迅速手术，清除软化坏

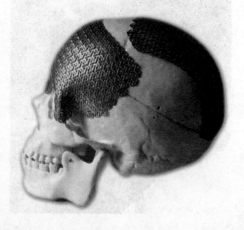

善，有利于缺血区侧枝循环建立。

（9）神经活化剂的应用

神经活化剂能改善脑代谢，防止脑坏死、变性，预防梗塞后痴呆。常用的药物有ATP、细胞邑素

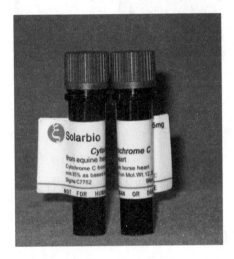

C、胞二磷胆碱、Y-氨络酸、脑复新等。

（10）调节血压、控制高血脂、高血糖

血压过高、过低均需予以适当处理。但血压过高时注意不要降压太迅速，以免影响脑血流灌注；血压过低时宜适当给予提高。高血脂增加血液粘度，影响微循环，应限制脂质摄入和增加消耗。糖耐量低

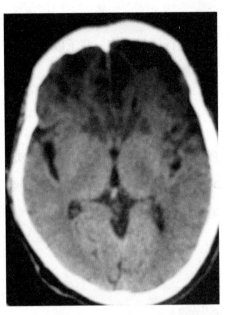

下、是脑血管病的危险因素之一。大多数脑血管病患者急性期糖耐量低下，且发生率有随年龄增加而增高的趋势。高血糖要给予适当的处理。

（11）针灸治疗

针灸治疗可以疏通经络，调节

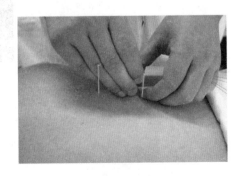

气血，促进疾病康复。脑血栓若能早期进行针刺治疗，并予以适当瘫胶功能锻炼，效果会更好些。

（12）一般支持疗法

脑血栓急性期须卧床休息，加强护理。如有心肺合并症者，必要时吸氧、补液。昏迷病人注意呼吸道通畅。及时吸痰，翻身。

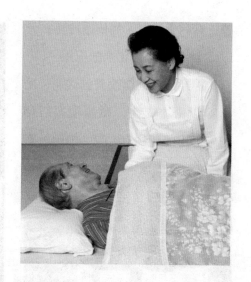

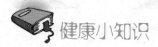 健康小知识

蜂蜜桃仁汤

配方：蜂蜜15克，桃仁10克，草决明12克

制作与用法：将桃仁、草决明加水煎熬，滤除药渣，取其液加蜂蜜调匀，每日2次，20天为一疗程。

功能：适用于高血压患者和防治脑中风、脑血栓形成。

低血糖

低血糖症又称低血糖状态，是一组由多种病因引起的血葡萄糖（简称血糖）浓度过低所致的临床症候群。一般血糖浓度低于2.78毫摩尔/（50 毫克/分升）时可认为是低血糖，但是否会出现临床症状则个体差异较大。血糖过低时对机体的损害以神经系统为主，主要是交感神经刺激和脑功能障碍症候群，及早给予葡萄糖治疗可迅速缓解，否则可致脑实质不可逆性损害，甚至危及生命。引起低血糖症的病因复杂，在非糖尿病者中最常见为原因不明性功能性低血糖症，胰岛素瘤是器质性低血糖症中最常见病因，其他较常见病因有内分泌疾病性低血糖症、肝源性低血糖症等，遗传性肝酶系异常多见于婴幼儿，成人中罕见。

我昨天吃完降糖药，就去打篮球，没多久觉得头晕、出虚汗，这和糖尿病有关系吗？

这是低血糖的表现，你需要立即测血糖，并补充适量的糖或点心。

◆ 低血糖的症状

低血糖早期症状以植物神经尤其是交感神经兴奋为主，表现为

心悸、乏力、出汗、饥饿感、面色

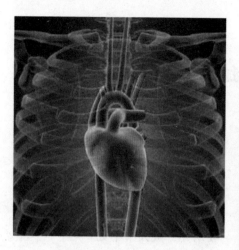

苍白、震颤、恶心呕吐等，较严重的低血糖常有中枢神经系统缺糖的表现，如意识模糊、精神失常、肢体瘫痪，大小便失禁、昏睡、昏迷等。值得注意的是每个病人的低血糖表现可以不一样，但对病人本身本说，每次发作的症状基本相似，因此糖尿病患者及家属应注意识别低血糖症状，以便及时采取治疗措施。

◆ 低血糖的分类

低血糖分为药物诱导和非药物诱导两类。

药物诱导低血糖症：胰岛素、乙醇、磺脲类药引起的低血糖占住院病人的大多数。酒精性低血糖的

特征是意识障碍、木僵、昏迷，发生在血酒精含量明显升高的病人，主要是由于低血糖造成的。肝酒精氧化作用引起胞质中NADH/NAD比值升高，抑制葡萄糖异生过程中血

浆底物利用（乳酸、丙氨酸），从而使肝糖输出减少，血糖降低，后者可使兴奋血浆FFA和血酮水平升高。常伴有血浆乳酸和血酮水平升高及代谢性酸中毒。该综合征常见

于长期饥饿后饮酒的病人，使肝糖输出依赖糖异生。酒精性低血糖需立即治疗。快速静脉推注50%葡萄糖50毫升，然后5%葡萄糖生理盐水静滴（常加维生素B$_1$），意识会很快清醒，继而代谢性酸中毒得以纠正。

非药物诱导低血糖症：包括饥饿性低血糖，特点是中枢神经系统症状，往往在禁食或锻炼时发作；反应性低血糖，特点是进食引起的

肾上腺素能神经兴奋症状。饥饿性低血糖的血糖值较反应性低血糖更低，持续时间更长。有些低血糖以主要见于儿童或婴儿为特点，另一些低血糖则主要出现在成人中。

◆ 低血糖的预防

对于低血糖必须做到"防重于治"，并且预防低血糖发作是治疗低血糖最佳治疗措施。在低血糖预防中应该注意做到以下几点：

少吃多餐：低血糖患者最好少

量多餐，一天大约吃6～8餐。睡前吃少量的零食及点心也会有帮助。除此，要交替食物种类，不要经常吃某种食物，因为过敏症常与低血糖症有关。食物过敏将恶化病情，使症状更复杂。

均衡饮食：饮食应该力求均衡，最少包含50～60%的碳水化合物（和糖尿病患者同样的饮食原

则），包括蔬菜、糙米、酪梨、

魔芋、种子、核果、谷类、瘦肉、

鱼、酸乳、生乳酪。

应加以限制的食物主要有：严格限制单糖类摄取量，要尽量少吃精制及加工产品（例如，速食米及马铃薯）、白面粉、汽水、酒、盐。避免糖分高的水果及果汁（例

如，葡萄汁混合50%的水饮用）。也要少吃通心粉、面条、肉汁、白米、玉米片、蕃薯。豆类及马铃薯可以一周吃2次。

增加高纤维饮食：高纤饮食有助于稳定血糖浓度。当血糖下降时，可将纤维与蛋白质食品合用

（例如，麦麸饼子加生乳酪或杏仁果酱）。吃新鲜苹果取代苹果酱，苹果中的纤维能抑制血糖的波动，也可加一杯果汁，以迅速提升血糖浓度。纤维本身也可延缓血糖下降，餐前半小时，先服用纤维素，以稳定血糖。两餐之间服用螺旋藻片，可进一步稳定血糖浓度。

戒烟禁酒：酒精、咖啡因、抽烟都将严重影响血糖的稳定，最好能戒除或少用。

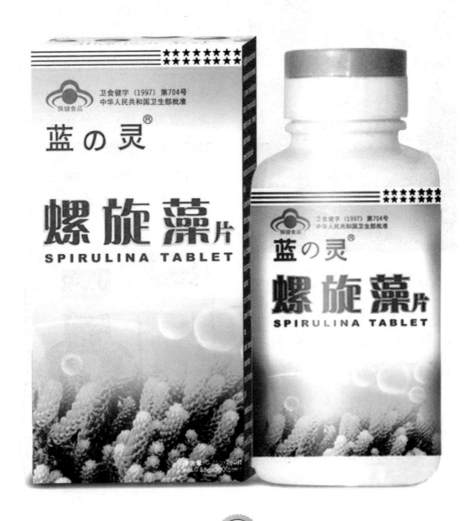

◆ 低血糖的治疗

通常急性肾上腺素症状和早期中枢神经系统症状在给予口服葡萄糖或含葡萄糖食物时能够得到缓解。胰岛素或磺脲药治疗病人若突

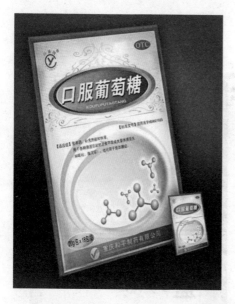

然出现意识混乱，行为异常，建议饮用一杯果汁或加3匙糖的糖水。胰岛素治疗病人随时携带糖果或葡萄糖片。磺脲药治疗病人，尤其是长效药和氯磺丙脲，若饮食不足，可在数小时或数天内反复低血糖发作。当口服葡萄糖不足以缓解低血糖时，可静脉推注葡萄糖或胰高血

糖素。

当症状严重或病人不能口服葡萄糖时，应静脉推注50%葡萄糖50～100毫升，继而10%葡萄糖持续静滴（可能需要20%或30%葡萄糖）。开始10%葡萄糖静滴几分钟后应用血糖仪监测血糖，以后要反复多次测血糖，调整静滴速率以维持正常血糖水平。对有中枢神经系统症状的儿童，开始治疗用10%葡萄糖，以每分钟3～5毫升/千克速率静滴，根据血糖水平调整滴速，保持血糖水平正常。一般而言，儿科医生不主张对婴儿或儿童用50%

葡萄糖静脉推注或用大于10%葡萄糖静滴，因为这样可引起渗透压改变，在某些病人中可诱发明显高血糖症及强烈兴奋胰岛素分泌。

对口服葡萄糖疗效不好而静推葡萄糖有困难的严重低血糖症，可采用胰高血糖素治疗。对急症治疗很有效。

胰岛素分泌胰岛细胞瘤需要手术治疗。最多见的是单个胰岛素瘤，切除可治愈，但肿瘤定位困难，常需再次手术或胰腺部分切除。术前，二氮嗪和奥曲肽可用于抑制胰岛素分泌。

非胰岛素分泌间质瘤对手术切除疗效好。病人睡前及夜间多次摄入碳水化合物时，可长时间不出现症状性低血糖。当肿瘤大部分切除有困难或肿瘤重新长大至一定体积时，出现低血糖症，这时可能需要胃造口术，需24小时不断给予大量碳水化合物。

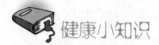
由于摄入果糖，半乳糖或亮氨酸激发的低血糖症，治疗方法是限制或阻止这些物质的摄入。发生在胃肠道术后或特发性饮食性低血糖需要多次，少量高蛋白，低碳水化合物饮食。

健康小知识

低血糖的病因

（1）胰岛素用量过多或病情好转后未及时减胰岛素。

（2）由于开会、外出参观、收工较晚等原因使进食或加餐较平常时间推迟。

（3）活动量明显增加未相应加餐或减少胰岛素用量。

（4）进食量减少，没有及时相应减少胰岛素。

（5）注射混合胰岛素的比例不当（PZI比RI多1～2倍）且用量较大，常常白天尿糖多而夜间低血糖。

（6）在胰岛素作用最强时刻之前没有按时进食或加餐。

（7）情绪从一直比较紧张转为轻松愉快时。

（8）出现酮症后，胰岛素量增加，而进食量减少。

（9）PZI用量过多。

（10）加剧低血糖的药物。

青光眼

青光眼指眼内压调整功能发生障碍使眼压异常升高，因而视功能障碍，并伴有视网膜形态学变化的

疾病。因瞳孔多少带有青绿色，故有此名。青光眼是一种眼内压增高且伴有角膜周围充血，瞳孔散大、眼压升高、视力急剧减退、头痛、恶心呕吐等主要表现的眼痛。青光眼危害视力功能极大，是一种常见疾病。这种病必须紧急处理采用手术较好。

◆ 青光眼的分类及其症状

青光眼主要包括先天性青光眼、原发性青光眼、继发性青光眼、混合型青光眼四种类型。各种类型的青光眼的临床表现及特点各不相同。下面，我们来详细阐述一下各种青光眼的临床症状，希望大家对青光眼有更深入地认识，做到早发现早治疗。

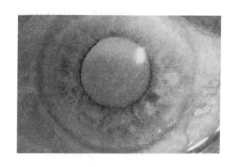

（1）先天性青光眼

根据发病年龄，先天性青光眼

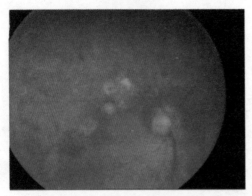

可分为婴幼儿性青光眼及青少年性青光眼。30岁以下的青光眼均属此类范畴。先天性青光眼形成的原因是胚胎发育过程中，眼前房角发育异常，致使房水排出受阻，引起眼压升高。10%的病人在1～6岁时出现症状，25%～80%的病人半年内显示出来，90%的患儿到一岁时可确诊。

婴幼儿性青光眼：一般将0～3岁青光眼患儿归为此类。此种类型青光眼是先天性青光眼中最常见的。婴儿在母体内就患病，出生后立即或缓慢表现出症状。一般是双眼性病变，但却不一定同时起病，也有25%～30%患儿单眼发病。临床表现为出生后眼球明显突出，颇

似牛的眼睛，怕光、流泪、喜揉眼、眼睑痉挛，角膜混浊不清、易

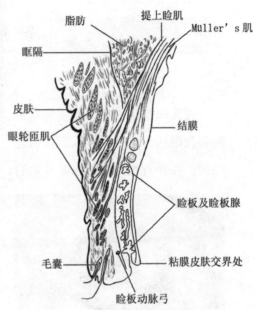

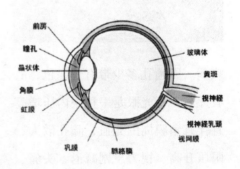

激动哭闹、饮食差或呕吐、汗多等症状。

青少年性青光眼：发病年龄在3～30岁之间。此种类型青光眼的

临床表现与开角型青光眼相似，发病隐蔽，具有极大的危害性。近年来此种类型青光眼多发生于近视患者且发病率不断上升。90%以上的患者并不表现为典型青光眼症状，而是以"近视、视疲劳、头痛、

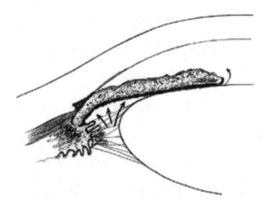

失眠"，甚至不知不觉失明才去就诊，详细检查才知道是青光眼。

（2）原发性青光眼

原发性青光眼根据前房前角的形态及发病缓急，又分为急、慢性闭角型青光眼、开角型青光眼等。

急性闭角型青光眼：急性闭角型青光眼的发生，是由于眼内房角突然狭窄或关闭，房水不能及时排出，引起房水涨满、眼压急剧升高

而造成的。多发于中老年人，40岁以上占90%。女性发病率较高，男女比例为1：4。该病来势凶猛，症状轻剧，发病时前房狭窄或完全关闭，表现突然发作的剧烈眼胀头痛、视力锐减、眼球坚硬如石，结

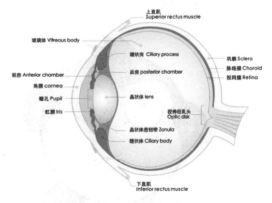

膜充血、恶心呕吐、大便秘结、血压升高，此时全身症状较重易被误诊为胃肠炎、脑炎、神经性头痛等

病变。如得不到及时诊治，24～48小时即可完全失明无光感，此时称"暴发型青光眼"，但临床上有部分患者对疼痛忍受性较强，仅表现为眼眶及眼部不适，甚则眼部无任何症状，而转移至前额、耳部、上颌窦、牙齿等部疼痛。急性闭角型青光眼，实则是因慢性闭角型青光眼反复迁延而来。

慢性闭角型青光眼：慢性闭角型青光眼占原发性青光眼患者的50%以上，发病年龄为30岁以上，发作一般具有明显的诱因，如情绪激动、视疲劳，用眼用脑过度，

长期失眠，习惯性便秘、妇女在经

期，或局部、全身用药不当、均可诱发，表现为眼部干涩，疲劳不适，胀痛、视物模糊或视力下降、头昏痛、失眠、血压升高。休息后可缓解，有的患者在任何症状的情况下就直接失明了。慢性闭角型青光眼的早期症状有四种：经常觉得眼睛疲劳不适；眼睛常常酸胀，休息之后就会有所缓解；视力模糊，近视眼或老花眼突然加深；眼睛经常觉得干涩。

（3）继发性青光眼

由眼部及全身疾病引起的青光眼均属继发性青光眼，病因颇复杂，种类繁多。以下是几种最常见的继发性青光眼。

屈光不正（即近视、远视）继发青光眼：由于屈光系统调节失常，睫状肌功能紊乱，房水分泌失恒，加之虹膜根部压迫前房角，房

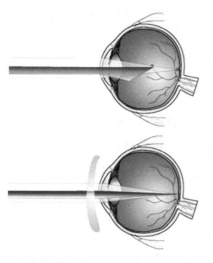

水排出受阻，由此引起眼压升高。此类患者的临床特点是自觉视疲劳症状或无明显不适，戴眼镜无法矫正视力，易误诊，故有屈光不正病史的患者一旦出现无法解释的眼部异常时应及时找有青光眼丰富临床经验的大夫，详细检查。

角、结膜、葡萄膜炎继发青光

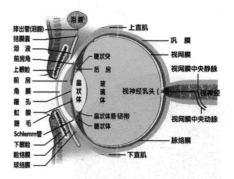

眼：眼内炎症引起房水混浊、睫状肌、虹膜、角膜水肿、房角变浅，或瞳孔粘连，小梁网阻塞，房水无法正常排出而引起眼压升高。西医对此病一般用抗生素、激素对症治疗，人为干扰了自身免疫功能，使病情反复发作，迁延难愈。

白内障继发青光眼：晶体混浊在发展过程中，水肿膨大，或易

位导致前房相对狭窄，房水排出受

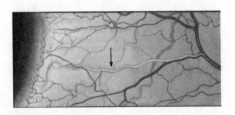

阻，引起眼压升高。一旦白内障术后，很快视神经萎缩而失明。

外伤性青光眼：房角撕裂、虹膜根部断离、或前房积血、玻璃体

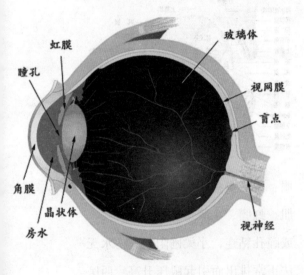

积血、视网膜震荡，使房水分泌、排出途径受阻继发青光眼视神经萎缩，如能积极中药治疗效果良好，手术只能修复受损伤的眼内组织，但其引起的眼底损伤无法纠正，所

以此型病人一般在当时经西医处理后，就不再治疗，一旦发现已视神经萎缩，造成严重的视力损害。

混合型青光眼。两种以上原发性青光眼同时存在，临床症状同各型合并型。

◆ 青光眼的发现与治疗

青光眼是一组威胁视力功能，主要与眼压升高有关的临床征群或眼病，即眼压超过了眼球内组织，尤其是视网膜所能承受的限度，将带来视功能损害。最典型和最突出的表现是以视神经凹陷性萎缩和视

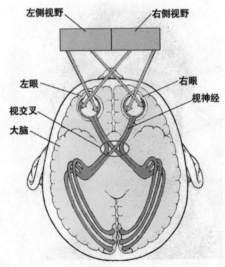

野缺损、缩小，如不采取有效的治疗，视野可以全部丧失终至失明。一般来说青光眼是不能预防的，但如果能早期发现并合理治疗，绝大多数患者可终生保持有用的视功能。因此，青光眼的防盲必须强调早期发现、早期诊断和早期治疗。慢性单纯性青光眼如能早期诊断，对保护视功能极为重要。以下几点对早发现、早诊断很有帮助：

（1）家族史

家庭成员有青光眼病史，并自觉头痛、眼涨、视力疲劳，特别是老花眼出现较早者，或频换老花眼镜的老年人，应及时到眼科检查并定期复查。

（2）查眼压

在青光眼早期眼压常不稳定，一天之内仅有数小时眼压升高。因此，测量24小时眼压曲线有助于诊断。

（3）眼底改变

视盘凹陷增大是青光眼常见的体征之一。早期视盘可无明显变化，随着病情的发展，视盘的生理凹陷逐渐扩大加深，最后可直达边缘，形成典型的青光眼杯状凹陷。视盘邻近部视网膜神经纤维层损害是视野缺损的基础，它出现在视盘或视野改变之前。因此，可作为开角型青光眼早期诊断指标之一。

（4）查视野

视野是诊断开角型青光眼的一项重要检查。开角型青光眼在视盘出现病理性改变时，就会出现视野缺损。

对青光眼最好先用药物治疗，若在最大药量下仍不能控制眼压，可考虑手术治疗。应先用低浓度的药液，后用高浓度的药液滴眼，并根据不同药物的有效降压作用时间，决定每天点药的次数，最重要的是要保证在24小时内能维持有效药量，睡前可用眼膏涂眼。青光眼的治疗方法主要有以下几种：

（1）注射维生素B

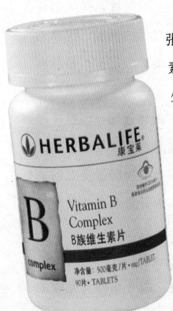

如果紧张是主要因素，注射维生素B效果不错，此种方法需要在医生的指导下使用。

（2）激光疗法

如果药物治疗无法控制病情，则在采取其他外科手术前，不妨试试激光疗法。新的测试已显示激光疗法对广角性青光眼有效。其方法是利用激光照射虹膜，形成一个小洞，以舒解眼压。如果发生急性或闭角性青光眼，此时，角膜会受眼压过高所形成的水肿影响而变模糊。在这种情况下，激光疗法恐怕不是最佳选择，而需要更进一步的手术。

（3）天然药草

轮流使用温的茴香茶及洋甘菊与小米草茶清洗眼睛，或利用滴管

在每眼中滴3滴药茶，每天3次，均有帮助。

（4）补充营养素

补充营养素如胆碱，每天补充

1000～2000毫克；泛酸，每天补

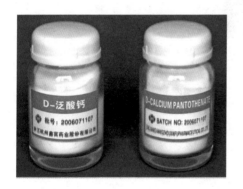

充3次，各100毫克；芸香素，每天补充3次，每次各50毫克；维生素B群，每天3次，各50毫克，用餐时服用，必要时可用注射法；维生素C，加生物类黄酮每天3次，能

大幅地降低眼压；维生素E，每天400IU。近来的研究显示维生素E有助排除水晶体内的小颗粒；锗，若眼睛不舒服时，每天可服用100～200毫克的锗，同时提供氧气给眼组织，并纾解疼痛。

除了上述治疗方法之外，在日常生活中还应该避免长时间使用眼睛。例如，应避免长时间地看电视及阅读，避免饮用咖啡、酒及吸烟，避免大量饮水。

健康小知识

青光眼用药禁忌

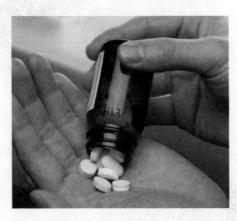

致房水增多的药物：主要有硝酸酯类如硝酸甘油、长效硝酸甘油、亚硝酸异戊酯、消心痛等。这类药物在有效扩张冠状动脉，改善心肌缺血的同时，也扩张视网膜血管，促使房水生成增多，增加眼内压。因此，老年青光眼病人要慎用硝酸类药物。

致房水回流受阻的药物：主要有阿托品及其衍生物如颠茄、冬茛菪碱、洋金花、曼陀罗以及溴本辛、胃安、普鲁本辛、胃欢、胃复康、胃长宁、安胃灵、胃痛平等。这类药物能使瞳孔开肌单独收缩，使虹膜退向四周外缘，这样可压迫前房角，使前房角变窄，于是阻碍房水回流入巩膜静脉窦，造成眼内压升高，可使病情加剧。因此，老年青光眼患者必须禁忌此类药物。

白内障

白内障是一种常见眼病，表现

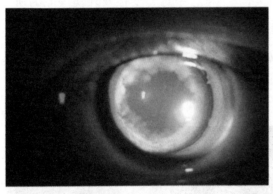

为晶体本身或晶体囊浑浊。人眼中有一个组织叫做晶状体，正常情况下它是透明的，光线通过它及一些屈光间质到达视网膜，人才能清晰地看到外界物体。一旦晶状体由于某些原因发生混浊，就会影响光线进入眼内到达视网膜，使人感到视力模糊、怕光，所看到的物体变暗、变形，甚至失明，

于是就形成了白内障。

白内障是全世界致盲和视力损伤的首要原因，多见于50岁以上老人，随着人口的增长和老龄化，白内障引起的视力损伤将越来越多。白内障一般可致盲，视力还未明显受损之前就接受白内障手术，可以大幅度减少盲和低视力患者。

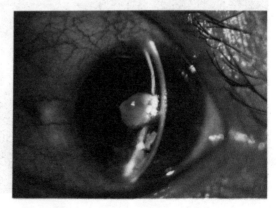

◆ 白内障的分类

一般来说，白内障分先天性和后天性两种情况。

先天性白内障通常在出生前后就已经存在，也有的人在出生后逐渐形成，大多数为遗传性疾病，分为内生性与外生性两类，内生性者与胎儿发育障碍有一定的关系，外生性者是母体或胎儿的全身病变对晶状体造成损害所致。先天性白内障分为前极白内障、后极白内障、绕核性白内障及全白内障。前两者无需治疗，后两者需行手术治疗。

后天性白内障是出生后因全身疾病或局部眼病、营养代谢异常、中毒、变性及外伤等原因所致的晶状体混浊。后天性白内障包括六种类型：

老年性白内障，是最为常见

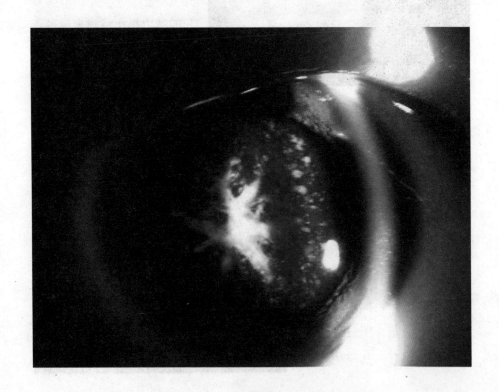

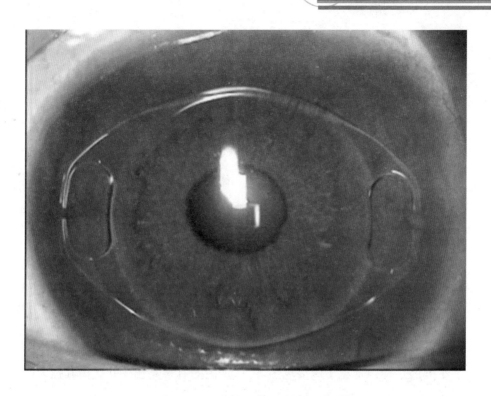

的一种白内障类型，多见于40岁以上，且随年龄白内障增长而增多，病因与老年人代谢缓慢发生退行性病变有关，也有人认为与日光长期照射、内分泌紊乱、代谢障碍等因素有关。根据初发混浊的位置可分为核性与皮质性两大类，视力障碍与混浊所在的部位及密度有关，后皮质及核混浊较早地影响视力，治疗以手术为主，术后可配戴接触眼镜，也可手术同时行人工晶状体植入术。

除了老年性白内障以外，后天性白内障还包括并发性白内障、外伤性白内障、代谢性白内障、放射性白内障、药物及中毒性白内障等类型。如果不及时治疗，晶状体中的白化会越来越严重，最终完全变模糊，晶状体核解体，使视力完全丧失。

按病因来分，白内障还可以分为年龄相关性、外伤性、并发性、代谢性、中毒性、辐射性、发育性和后发性白内障等。

◆ 白内障的预防

预防白内障，首先要从饮食上下功夫。强大的抗氧化剂能够保护对抗氧化伤害所累积的影响，使眼睛免受阳光紫外线的损害，进而起到防治白内障的作用。尤其是叫做叶黄素和玉米黄质的物质，为类胡萝卜素的一种，常见于深绿色蔬菜之中，包括菠菜、青椒、绿色花椰菜、芥蓝、羽衣甘蓝等都含有丰富的叶黄素和玉米黄质，具有很强的

抗氧化剂作用，它可以吸收进入眼球内的有害光线，并凭借其强大的抗氧化性能，预防眼睛的老化，延缓视力减退，达到最佳的晶状体保护效果，能够将晶状体细胞所受的

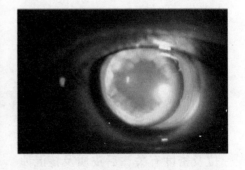

紫外线辐射损伤降低50%～60%，其抗氧化效果是维生素E的两倍。

另一种抗氧化剂是维生素C。维生素C不仅能够保护眼睛晶状体的蛋白质和其他成分，还能帮助胶原加强微血管的力量，从而使得营养视网膜避免受到紫外线的损害。科学研究发现：健康眼睛晶状体里有很高的维生素C，而在白内障患者眼睛的晶状体里维生素C的含量就少得多。新鲜蔬菜和水果，尤其是深绿色蔬菜（叶），如萝卜缨、芥蓝、青椒、盖菜、菜花、西兰花、青苋菜、荠菜、菠菜，都含有丰富的维生素C。

因此，白内障病人要多吃深绿色、新鲜的蔬菜，并尽量避免食

用油炸食品以及人造脂肪、人造黄油、动物脂肪，因为这些食物会加速氧化反应，使人容易患白内障；全脂奶粉、牛奶、奶油、奶酪、冰淇淋等含乳糖丰富的乳制品，如牛奶中含有的乳糖，通过乳酸酶的作

用，分解成半乳糖，一些人对牛奶中的半乳糖的代谢能力下降。另外

半乳糖会干扰奶制品中维生素B_2的

利用，使其沉积在老年人眼睛的晶状体上，蛋白质易发生变性，导致晶状体透明度降低，容易诱发或加重白内障。

预防白内障，还要做到避免强烈的日光照射。在户外活动时，戴上太阳镜或遮阳帽，可有效预防射线对晶体的损伤。其次，除非治病需要，尽可能避免服用药物。因为某些药物，如类固醇，可使白内障进一步发展。

◆ 白内障的治疗

白内障，尤其是老年性白内障，是最常见的眼病之一，是第三世界国家中第一位致盲眼病，占致

盲眼病的25%～50%。

　　白内障的治疗，在古巴比伦草书、埃及金字塔羊皮书及中国甲骨文中都有过详细的记载。但是，直到今天仍没有任何一种真正有效的药物可以阻止白内障的发展。眼科医生们更是为此付出了艰辛的努力，他们用手术治疗给白内障患者带来光明。公元前150年，希腊一位眼科医生用一扁针插入眼内，将混浊晶体从瞳孔拨开，压至下方，这就是最早的白内障针拨术。1745年，法国医师划时代地开创了白内障摘除手术，其方法是把眼球切开，取出白内障。1949年，英国医师用手术取出混浊的晶状体，在原来位置植入一个人造的透明的晶状体，效果出奇地好，且方法安全可靠，因此，在全世界迅速推广。人工晶体植入术

是人类第一个有功能人造器官的取代手术，这种手术使得95%的人术后获得0.5以上的矫正视力。

随着科学技术的发展，超声乳化手术于20世纪60年代应用于临床。超声乳化手术是人工晶体植入手术的改进与发展。经典的植入手术是经角膜缘切口，切除晶体前囊中央部分，把混浊的晶体从此切口中取出，然后植入人造的晶体，缝合切口。超声乳化手术是用一种超声波导入眼内，把混浊变硬的晶体粉碎呈乳状，吸出，再植入人工晶体。这样切口小愈合快，术后散光小，不用缝线，甚至可在门诊手术，如果合并植入可折叠人工晶体，效果更好。

为适合我国广大中小城市，甚至大城市中较晚的白内障患者的需要，眼科医生又改进手术方法，发明一种小切口人工晶体植入术。此术式继承发扬了超声乳化术的手术技巧和用具，改进了传统常规手术。由于手术中不用超声乳化仪，所以术中无超声能量的损伤，切口只需缝合1~2针，甚至不缝，术后反应也小。

中医在治疗白内障方面，方法也多种多样。有药物治疗，如《千金要方》中的神曲丸（即磁株

丸）被后世医家誉为"开瞽第一品方"，《龙本论》中还载有20种治疗内障眼病的专方。有针灸治疗，早在《针灸甲乙经》就有记载，以后的《千金方》《龙木论》均有许多介绍。还有手术治疗，如《外台秘要》"用金篦决"，《龙木论》较详细地论述了金针拨障术。

现代中医治疗白内障，最早出现在1957年。五十多年来，在继承古代治疗内障眼病的基础上，中医对本病的病机、治则、治法等方面均有所发展。许多眼科专家强调，本病以虚证居多，与肝、肾、脾三脏有关，其中与肝肾阴虚最为密切。还有人运用活血祛障法治疗本病，疗效颇佳，补充了前人在治疗上的不足。现代中医在治法上，除药物外，针灸应用比较广泛外，头针、耳针、激光穴位照射、穴位冷冻等方法时有报道，针灸对恢复视力，疗效确切。此外，金针拨障术作为一种独特的传统眼科手术，得到了眼科专家的极大应用。

健康小知识

白内障手术类型

（1）现代白内障囊外摘除术：指在同轴光照明下的显微手术。优点是保留了晶体后囊，便于植入和固定人工晶体，适合于成年人核性白内障。缺点是部分病人在术后1～5年内因后囊混浊影响视力，需再行后囊切开术。

（2）白内障囊内摘除术：指离断晶体悬韧带之后将晶体完整摘除的手术。适应于老年性白内障有晶体硬核或晶体脱位者。手术后的并发症较多，不易植入后房型人工晶体。目前已较少做这种手术。

（3）白内障吸出术：指将晶体前囊刺破后抽吸出混浊的核和皮质的一种囊外术式。主要用于硬核的先天性白内障和软性白内障。近年这一手术已演化为晶体切除术。

（4）白内障超声乳化术：一种囊外摘除术式。适用于核为中等硬度的白内障，超声乳化未操作复杂，价格昂贵。

（5）晶体囊膜切开或切除术：指将混浊的后囊以及附着的皮质中央切开达到透光目的。主要适用于先天性白内障或后发性白内障。

（6）光学虹膜切除术：利用周边部透明晶体透光，增进视力。由于光线来自视轴外区，成像质量较差。手术后矫正视力多不满意。手术还破坏了虹膜的屏障作用，为以后的手术和光学矫正带来困难。目前已不主张做这种手术。

颈椎病

颈椎病又称颈椎综合征，是颈

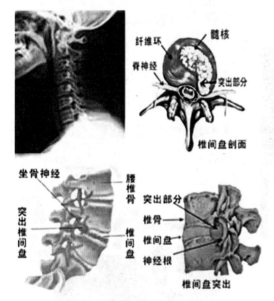

纤维环
髓核
脊神经
突出部分
椎间盘剖面

坐骨神经
腰椎骨
突出椎间盘
突出部分
椎骨
椎间盘
神经根
椎间盘突出

椎骨关节炎、增生性颈椎炎、颈神经根综合征、颈椎间盘脱出症的总称，是一种以退行性病理改变为基础的疾患。主要由于颈椎长期劳损、骨质增生，或椎间盘脱出、韧带增厚，致使颈椎脊髓、神经根或

椎动脉受压，出现一系列功能障碍的临床综合征。表现为颈椎间盘退变本身及其继发性的一系列病理改变，如椎节失稳、松动；髓核突出或脱出；骨刺形成；韧带肥厚和继发的椎管狭窄等，刺激或压迫了邻近的神经根、脊髓、椎动脉及颈部交感神经等组织，并引起各种各样症状和体征的综合征。

颈椎病属中医学"痹证"范

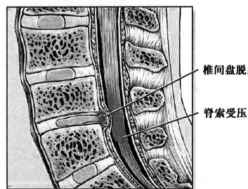

椎间盘脱出
脊索受压

畴。临床辨证主要分为肝肾亏虚、风寒湿痹两种类型。颈椎位于头部、胸部与上肢之间，又是脊柱椎骨中体积最小但灵活性最大、活动频率最高、负重较大的节段，由于承受各种负荷、劳损，甚至外伤，所以极易发生退变。大约30岁之后，颈椎间盘就开始逐渐退化，含

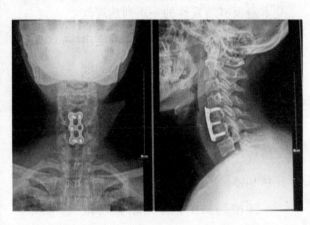

水量减少，并伴随年龄增长而表现得更为明显，且会诱发或促使颈椎其他部位组织退变。有统计表明，50岁左右的人群中大约有25%的人患过或正患此病，60岁左右则达50%，70岁左右几乎为100%，可见此病是中、老年人的常见病和多发病。

◆ 颈椎病的症状

颈椎病的症状非常丰富多样而且复杂，多数患者开始症状较轻，以后逐渐加重，也有部分开始症状较重者。

颈椎病的主要症状是头、颈、肩、背、手臂酸痛，颈、脖子僵硬，活动受限。颈肩酸痛可放射至头枕部和上肢，有的伴有头晕，感觉房屋旋转，重者伴有恶心呕吐，卧床不起，少数可有眩晕，猝倒。有些病人一侧面部发热，有时出汗

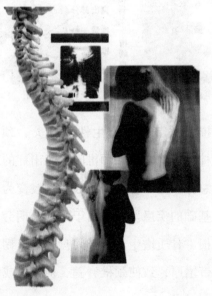

异常。肩背部沉重感，上肢无力，

稳，二脚麻木，行走时如踏棉花的感觉。当颈椎病累及交感神经时可出现头晕、头痛、视力模糊，二眼发胀、发干、张不开，耳鸣、耳堵、平衡失调、心动过速、心慌，

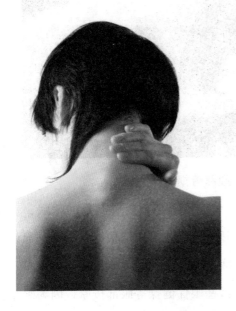

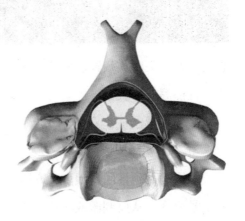

手指发麻，肢体皮肤感觉减退，手握物无力，有时不自觉的握物落地。另一些病人下肢无力，行走不

胸部紧束感，有的甚至出现胃肠胀气等症状。有少数人出现大、小便失控，性功能障碍，甚至四肢瘫痪。也有的人会出现吞咽困难，发音困难等症状。这些症状与发病程度、发病时间长短、个人的体质有一定关系。多数人发病时不甚严重，有的甚至能自行恢复，因此经常被人所忽视。如果此病久治不愈，会引起心理

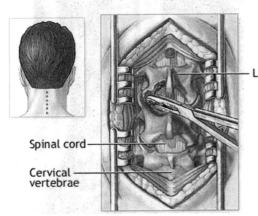

Lamina

Spinal cord

Cervical
vertebrae

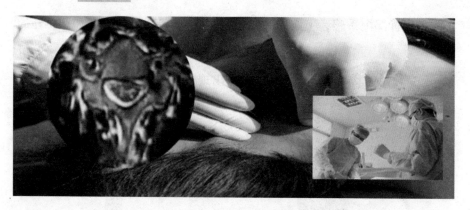

伤害，产生失眠、烦躁、发怒、焦虑、忧郁等症状。

颈部劳损更严重。

◆ 颈椎病的预防

颈椎病是颈椎间盘因多种原因发生了改变，从而刺激或压迫邻近组织，并引起人们身体发生一系列症状的综合征。颈椎病由于发病机制复杂，症状繁多，一般可分为软组织型、神经根型、椎动脉型、交感型、脊髓型五种。在生活、工作中注意细节，可以起到预防颈椎病的作用。颈椎病的预防，要做好以下几个方面：

（1）不要在颈部过于劳累的状态下工作、看书、上网等，长期在颈部劳累的状态下工作只会导致

（2）必须要有充足的睡眠，睡眠充足才可以从根本上消除颈部疲劳；如果眼睛也累的话，建议多做些眼保健操等眼部按摩，因为眼睛劳累也会导致颈部劳累的。

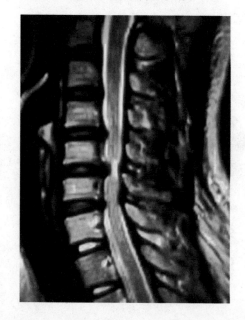

（3）必须长期工作没有多余的时间做颈部运动的话，应避免颈部长期做重复的动作。

（4）做好劳动、运动、演出前的准备活动，防止颈椎和其他部位的损伤。

（5）保证良好的坐姿，调整合理的睡眠姿势，选用合适的枕头。

（6）防止颈部受风受寒，积极治疗颈部的外伤、感染、结核、淋巴结炎和椎间盘炎等疾病。加强锻炼，增强体质，合理用膳。

◆ 颈椎病的治疗

口服药物治疗：内服药物通过肠胃吸收、消化、分解，最后通过

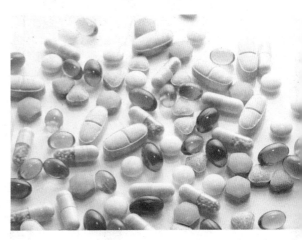

血液循环，才可将药物输入送给局部。整个过程需要通过层层屏障才能到达病灶部位，然而等药物到达病灶部位时药效已所剩无几，因此口服药物治疗的效果非常缓慢，而且临床应用这些方法只能缓解疼痛症状，只能治标根本不能治本，功能康复无法实现，骨质修复更是无从谈起。不仅如此，口服药对肝、肾、胃肠的损伤也是很大的。

物理治疗：

（1）牵引法

该法通过牵引力和反牵引力之间的相互平衡，使头颈部相对固定

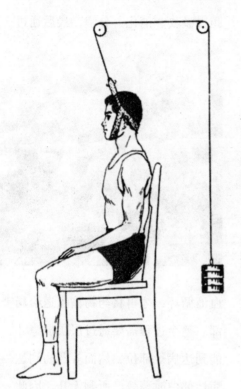

于生理曲线状态，从而使颈椎曲线不正的现象逐渐改变。但是，牵引法的疗效有限，仅适于轻症患者。在急性期禁止做牵引，防止局部炎症、水肿加重，且牵引期活动受限。

（2）理疗法

理疗法就是应用自然界和人工的各种物理因子，如声、光、电、热、磁等作用于人体，以达到治疗和预防疾病的目的。

（3）推拿法

推拿法是我国医学的重要组成部分。治疗时不用吃药和打针，仅凭推拿医生的双手和简单器械，在身体的一定部位或穴位，沿经络循行的路线和气血运行的方向，施以不同的手法，达到治疗目的。但在急性期或急性发作期禁止推拿，否则会使神经根部炎症、水肿加重，疼痛加剧。颈椎病伴有骨折、骨关节结构紊乱、骨关节炎、严重的老年性骨质疏松症等，而推拿可使骨

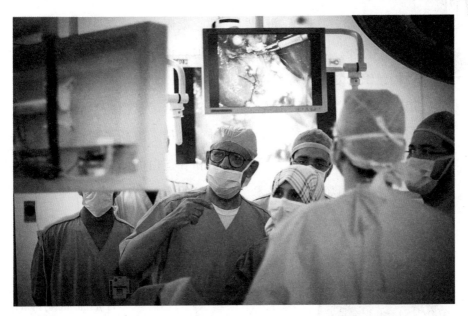

质破坏，感染扩散，所以应禁用此疗法。

（4）水针刀微创法

该疗法无痛苦，松解局部软组织结节，结合注射松解液和三氧消融术，针刀、药、氧并用，三位一体，一步到位。可以软化结节，改善内循环，治疗颈椎病所引起的头疼、头晕效果立竿见影。该疗法远期疗效突出，具有抗粘连抗复发的作用；安全范围广，减少了闭合性手术的盲目性。

（5）手术法

手术法的原理主要是减轻压迫，消除刺激，增进稳定，防止进行性损害。但是，手术法并发症与禁忌症比较多，痛苦大，危险高，还有一些年龄偏大、身体欠佳、合并心脑血管病变或糖尿病，或者有麻醉禁忌症的患者根本不宜手术治疗。

（6）矿泉疗法

该法简便、易行，病人在治疗中无痛苦，疗效好。矿泉水中的化学成分及各种微量元素可加速血液循环，有利于增加受损组织修复。矿泉水的温热作用，可解疼、止痛、消炎、消肿，改善由于颈椎病变压迫椎动脉引起的脑供血不足症状。

（7）射频热凝靶点穿刺技术

性、凝固、收缩减小体积，解除压迫。该疗法很少伤及正常的髓核组织，同时修补了纤维环的破裂、灭活了盘内新生病变超敏的神经末梢，阻断了髓核液中糖蛋白和β蛋白的释放。温热效应对损伤的纤维环、水肿的神经根、椎管内的炎性反应都能起到良好的治疗作用，治疗后症状立即消失或减轻。射频热凝靶点穿刺技术是目前国际上创伤小、安全系数高、病人痛苦小、见效快、风险低的一种颈椎病治疗方法。

出的椎间盘

神经钩

套管

夹子

固定支架

内视镜

这是2003年由洪强医疗集团董事长刘洪强先生在国内首创的一种微创治疗方法。射频热凝靶点治疗是使突出部分的髓核变

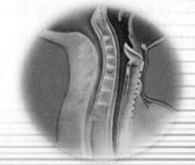

健康小知识

颈椎病自我运动治疗

（1）颈部运动：头向前倾十次，向后仰十次，向左倾十次，向右倾十次。然后缓慢摇头，左转十次，右转十次。

（2）摇动上肢：左臂摇动二十次，再右臂摇动二十次。

（3）抓空练指；两臂平伸，双手五指作屈伸运动，可作五十次。

（4）局部按摩：可于颈部、大椎穴、风池穴附近寻找压痛点、硬结点或肌肉绷紧处，在这些反应点上进行揉按、推掐。

（5）远道点穴：在手背、足背、小臂前外侧、小腿外侧寻找压痛点。于此反应点施点穴按摩。

（6）擦掌摩腰：将两手掌合并擦热，随即双手磨擦腰部，可上下方向擦动，作五十次。

（7）掐捏踝筋：两手变替掐捏足踝后大筋。

（8）用拇、食指掐揉人中穴。

（9）提揉两耳；用手提拉双耳，然后搓搓，待耳发热为止。

肩周炎

肩周炎是肩关节周围炎的简称。发病年龄多在50岁左右，被

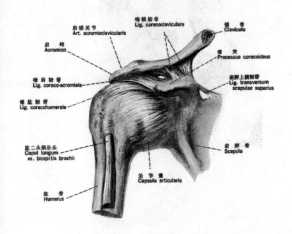

人称为"五十肩"，也叫"漏肩风"。它是以肩部酸痛和运动功能障碍为主要特征的常见病。其发生多见于肩部有扭伤、挫伤史，以及慢性肩部损伤者，或因肩部常受风寒者。发病时病人肩关节僵硬，活动困难，好像冻结在一起一样，因

此又叫作"肩凝""冻结肩"。

◆ 肩周炎的主要症状

肩周炎病人早期以肩部酸楚疼痛为主，夜间或冬季尤甚。静止时疼痛剧烈，肩活动不灵活，有僵硬感，局部怕冷，然后疼痛逐渐影响到颈部及上肢，肩活动受限，甚至出现肩部耸起（扛肩现象）；抬臂上举困难，也不能外展，不能做梳

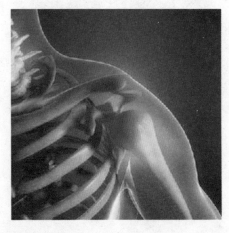

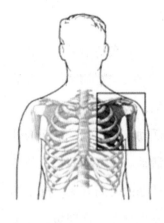

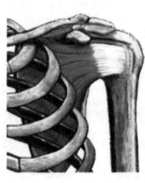

觉肩部不舒适及束缚的感觉。疼痛多局限于肩关节的前外侧，可延伸到三角肌的抵止点，常涉及肩肉胛区、上臂或前臂。活动时，如穿上衣时耸肩或肩内旋时疼痛加重，不能梳头洗脸，

头、脱衣、叉腰等动作；掏衣裤口袋也感困难，有人甚至根本不敢活动。病初肩部肌肉常较紧张，后期则有萎缩现象。后期肩部的各种活动受到限制，肌肉萎缩明显，而疼痛反而不明显。

患侧手不能摸背。以后肩疼迅速加重，尤其夜间为重，病人不敢患侧卧位。由于肌肉痉挛和疼痛，逐渐出现肩关节活动范围减少，特别是

　　肩周炎的发生与发展大致可分为急性期、慢性期、恢复期三个阶段。各个阶段之间没有明显的界限，且各个阶段的病程长短不一，因人而异，差别很大。

　　急性期：这是肩周炎的早期。肩部自发性疼痛，其疼痛常为持续性，表现各有不同。有的急性发作，但多数是慢性疼痛，有的只感

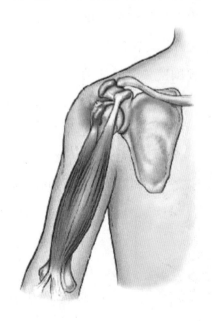

外展和外旋受限最为显著。肩部外观正常。局部压痛点多位于结节间沟、喙突，肩峰下滑囊或三角肌附着处、冈上肌附着处、肩胛内上角等处。

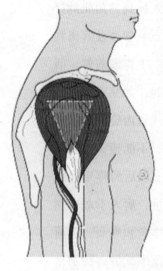

慢性期：肩痛逐渐减轻或消失，但肩关节挛缩僵硬逐渐加重呈冻结状态。肩关节的各方向活动均比正常者减少50%～20%。严重时肩肱关节活动完全消失，只有肩胛胸壁关节的活动。梳头、穿衣、举臂、向后结带均感困难。病程长者可出现轻度肌肉萎缩，多见于三角肌、肩胛带肌。压痛轻微或无压

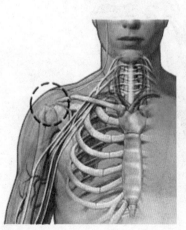

痛，此阶段持续时间较久，通常为2～3个月。

恢复期：肩痛基本消失，有些病人可能会有轻微的疼痛。肩关节慢慢松弛，关节的活动也逐渐增加，外旋活动首先恢复，继而为外展和内旋活动。恢复期的长短与急性期、慢性期的时间有关。冻结期越长，恢复也越慢；病期短，恢复也快。

◆ 肩周炎的治疗

目前，对肩周炎的治疗，大部分的学者认为，服用消炎痛、维生素B_1或其他有消炎止痛作用的药物只能治标，暂时缓解症状，停药后多数会复发；运用手术松解方法治疗，术后则容易引起粘连。因此，目前被认为最好的方案是采用中医的手法治疗，如果患者能坚持功能锻炼，效果相当不错。下面为肩周炎患者介绍几种简便易行的疗法。

穴位按摩：用左手拇指腹按住右手三里穴，揉动1分钟，换左

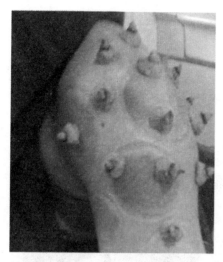

手，每日3次；按摩印堂穴，用食、拇指按住该穴，旋转揉动，每次1分钟，每日3次。

捏压患处：用右手拇、食指捏住压痛点，用力深压，并向前后左右揉动1分钟，然后用同样的方法捏右肩。每日2次。

器械体操：利用体操棒、哑铃、吊环、滑轮、爬肩梯、拉力器、肩关节综合练习器等进行锻炼。注意：应在无痛范围内活动，因为疼痛可反射性地引起或加重肌痉挛，从而影响功能恢复。每次活动以不引起疼痛加重为宜。反之则是提示活动过度或出现了新的损伤，宜随时调整运动量。

功能锻炼：抡拳，左右肩关节划圈抡动15圈；耸肩，双手叉腰，上下前后缩头耸肩，每次15下；揪耳廓，两手交叉揪住耳廓，连揪15下；举手，十指相挟，手心向上、举过头顶，上下前后摇动30下；展翅，双臂平抬成飞翔势，上下扇动30下；托头，两手插入脑后，手心向上十指相挟，向上托头20下；晃肘，两臂同时抱肘，上下左右晃动30下。早晚各一次。

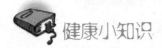

健康小知识

中医治疗肩周炎名方

生山楂甘草汤：生山楂50克，桑椹50克，桑枝25克，乌梅25克，白芍20克，伸筋草20克，醋制元胡20克，姜黄15克，桂枝15克，威灵仙15克，醋制香附15克，甘草10克。水煎温服，3日2剂，1个月为1个疗程。服药期间除配合练功外停用其他药物或疗法。舒筋通络，祛淤行痹止痛，滑利关节。主治肩周炎。

白芍汤：白芍、沙地龙各400克，制马钱子、红花、桃仁、威灵仙各350克，乳香、没药、骨碎补、五加皮、防己、葛根、生甘草各150克。将上药共研为极细末，装入胶囊，每粒含生药0.2克，成人每次口服3粒，每日3次，温开水送服。半个月为1个疗程，休息3天，再行下1个疗程。主治肩周炎。

黄芪当归汤：黄芪60克，当归20克，桂枝12克，白芍20克，炙甘草16克，大枣10克，威灵仙120克，穿山甲6克，防风12克，蜈蚣2条，生姜10克，羌活12克。每日1剂，水煎服。补胃气，通经络，散寒湿。主治肩关节周围炎。冷痛者，加制川草、乌草各10克；兼痰湿者，加法半夏12克，胆南星10克；病久三角肌萎缩者，加制马钱子0.3克。局部可以配合以针灸治疗。

糖尿病

糖尿病是由遗传因素、免疫功能紊乱、微生物感染及其毒素、自由基毒素、精神因素等等各种致

病因子作用于机体导致胰岛功能减退、胰岛素抵抗等而引发的糖、蛋白质、脂肪、水和电解质等一系列代谢紊乱综合征。糖尿病分1型糖尿病和2型糖尿病和妊娠期糖尿病。其中1型糖尿病多发生于青少年，其胰岛素分泌缺乏，必须依赖胰岛素治疗维持生命。2型糖尿病多见于30岁以后中、老年人，其胰岛素的分泌量并不低甚至还偏高，病因主要是机体对胰岛素不敏感。妊娠期糖尿病源于细胞的胰岛素抵抗，不过其胰岛素抵抗是由妊娠期妇女分泌的激素所导致的。妊娠期糖尿病通常在分娩后自愈。

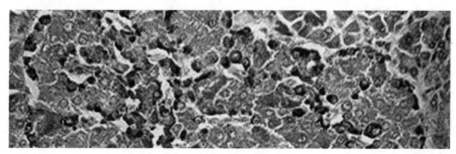

◆ 糖尿病的症状

糖尿病是一种常见的慢性病。随着人们生活水平的提高，人口老龄化以及肥胖发生率的增

加，糖尿病的发病率呈逐年上升趋势。在临床上糖尿病通常以高血糖为主要特点，主要症状为多尿、多饮、多食、消瘦等表现，也就是人们通常所说的"三多一少"症状。一开始，人们对糖尿病都不太重视，直到出现并发症时后果已相当严重。足病、肾病、眼病、脑病、心脏病、皮肤病、性病是糖尿病最常见的并发症。

糖尿病足病：由于糖尿病患者的血管硬化、斑块已形成，支端神经损伤，所以血管容易闭塞，而"足"离心脏最远，闭塞现象最严重，从而引发水肿、发

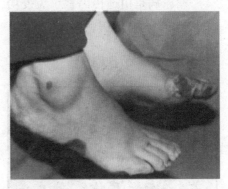

黑、腐烂、坏死，形成坏疽。糖尿病足病又分湿性坏疽、干性坏疽和混合性坏疽。

糖尿病肾病：糖尿病肾病是糖尿病常见的并发症，是糖尿病全身性微血管病变表现之一，临床特征为蛋白尿、渐进性肾功能损害、高血压、水肿，晚期出现严重肾功能衰竭，是糖尿病患者的主要死亡原因之一。

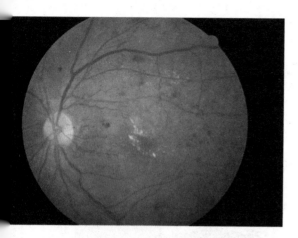

糖尿病眼病：糖尿病可以损坏眼睛后面非常细小的血管。这种损害的医学名称是糖尿性视网膜病。这种病可以导致视力衰退，甚至失明。

糖尿病脑病：长期、大量的临床实证研究表明，胰岛素分泌不足或高胰岛素血症均会从不同方面对认知功能造成不良影响。

糖尿病心脏病：糖尿病性心脏病是指糖尿病病人所并发的或伴发的心脏病，是在糖、脂肪等代谢紊乱的基础上所发生的心脏大血管、微血管及神经病变。糖尿病性心脏病所包括的范围较广，包括在糖尿病基础上并发或

伴发的冠状动脉粥样硬化性心脏病，心脏微血管疾病及心脏自主神经病变等。

糖尿病皮肤病：患糖尿病以后，有30%～80%的病人有皮肤损害。糖尿病常见的皮肤病变有皮肤感染、皮肤瘙痒、糖尿病性大疱病、糖尿病性黄瘤、糖尿病性皮疹等五种。

糖尿病性病：糖尿病性病是糖

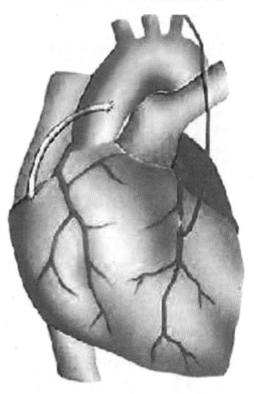

尿病的一种并发症。与普通人群相比，糖尿病患者更容易并发感染。其原因有：高血糖环境有利于致病微生物的生长繁殖；高血糖可削弱白细胞吞噬和杀灭细菌的功能，降低自身免疫力；糖尿病患者多合并微血管病变与神经病变，使组织缺血、缺氧、感觉减退，容易继发感染。

糖尿病口腔病变：糖尿病口腔病变是糖尿病并发症的一种，未控制的糖尿病患者可有多种口腔病变的表现，已控制的糖尿病患者亦

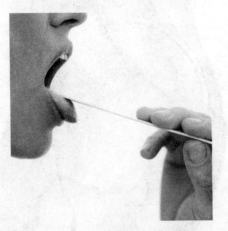

可有不同程度的口腔病变。糖尿病能并发的口腔疾病有：口腔粘膜病变、龈炎、牙周炎、龋齿、牙槽骨

吸收、牙齿松动脱落、腭部炎症、牙根面龋等。

糖尿病视网膜病变：糖尿病患者由于长期血糖高，体内代谢紊乱，会引起全身微循环障碍，眼底

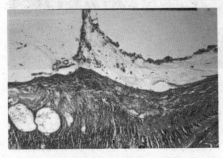

增殖性糖尿病视网膜病变

视网膜血管容易受损，即发生糖尿病性视网膜病变。糖尿病视网膜病变是糖尿病的严重并发症之一，也是引起糖尿病患者盲目的主要原因之一。

糖尿病合并高血压：糖尿病患者高血压的患病率为非糖尿病患者的两倍，且糖尿病患者高血压患病率的高峰比正常人提早10年出现，而伴有高血压者更易发生心肌梗塞、脑血管意外及末梢大血管病，并加速视网膜病变及肾脏病变的发生和发展。

◆ 糖尿病的预防

（1）生活要有规律，吃饭要细嚼慢咽，多吃蔬菜，尽可能不在短时间内吃含葡萄糖、蔗糖量大的

食品，这样可以防止血糖在短时间内快速上升，对保护胰腺功能有帮助。

（2）多加锻炼身体，少熬夜，不吸烟，不饮酒。

（3）糖类摄入。这是相对来说的，糖尿病人不能吃糖是指日常饮食不能直接食用蔗糖和葡萄糖，果糖是可以吃的，果糖的分解不需要胰岛素的参与。

（4）性生活有规律，防止感染性疾病；不要吃过量的抗生素，有些病毒感染和过量抗生素会诱发糖尿病。

◆ 糖尿病治疗

糖尿病治疗必须以饮食控制、运动治疗为前提。糖尿病人应避免进食糖及含糖食物，减少进食高脂肪及高胆固醇食物，适量进食高纤维及淀粉质食物，进食要少食多餐；运动的选择应当在医生的指导下进行，应尽可能做全身运动，包括散步和慢跑等。在此基础上应用

蟹殻の魔力

八佰壹

キトサン

粉末50g

适当的胰岛素增敏剂类药物，而不是过度使用刺激胰岛素分泌的药物，才能达到长期有效地控制血糖的目的。

当前医学专家提倡高碳水化合物量，降低脂肪比例，控制蛋白质摄入的饮食结构，对改善血糖含量有较好的效果，具体治疗方法总结如下：

（1）人体免疫治疗

通过人体免疫特殊物质几丁聚糖控制治疗糖尿病是目前医学界认可的好方法，几丁聚糖在日本、

欧美、中国大陆的部分地区以及香港、台湾等地被誉为"人体环保剂""长寿素"，被国际和中国医学界均列为人体必需的"第六生命要素"。

（2）饮食定时定量

根据年龄、性别、职业、标准体重估计每日所需总热量。男性比女性每天所需热量要高约5%，而年龄大小不同所需热量也有差异，一般是每公斤体重需要热量千卡数为青少年>中年人>老年人。而不同体力劳动者每天消耗能量也不同。一般来说，孕妇、乳母、营养不良者及患消耗性疾病者应酌情增加热

量摄取，肥胖者则应酌减，可使病情得到控制。

（3）合理调整三大营养素的比例

饮食中糖、脂肪、蛋白质三大营养素的比例，要合理安排和调整。既要达到治疗疾病的目的，又要满足人体的生理需要。

（4）饮食计算及热量计算。供给机体热能的营养素有3种：蛋白质、脂肪、碳水化合物。糖尿病病人可据其劳动强度将每人每天需要的总热量按照碳水化合物占69%、蛋白质占15%、脂肪占25%的比例分配，算出各种成分供给的

热能，再按每克脂肪产热6千卡，碳水化合物及蛋白质每克产热4千卡换算出供给该病人不同营养成分需要的重量，可一日三餐或四餐。通过饮食控制热量的方法，并不是要求糖尿病患者每天一定要机械地去计算，而应在掌握这一计算方法后，每隔一段时间或体重有较大幅度改变时计算一下，制订出下一阶段饮食方案，而且应尽量少食甜食和油腻的食品，饮食选择既要有原则但又要力求多样。

（5）物理疗法

可以借助一些物理仪器进行物理治疗。

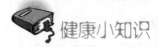
健康小知识

糖尿病治疗偏方

（1）海小蚌取肉，捣烂炖熟，每日数次温服。

（2）大田螺20个，养于清水盆中，漂去泥沙，取出田螺肉加黄酒半小杯，拌和，再以清水炖熟，饮汤，每日1次。

（3）猪胰1条，淡菜45～80克。先将淡菜（干品）洗净后用清水浸泡约20分钟，然后放入煲汤，待煮开10分钟后加入猪胰同煲。熟透后调味进服，亦可佐餐。

（4）菠菜梗100克，玉米须50克。水煎，去渣，取汁，代茶常服。

（5）木耳、扁豆各60克。将黑木耳，扁豆共研成细面粉，每次服9克，1日2～3次。

（6）将半斤绿豆或豌豆等豆类煮八成熟，再加入1250克玉米面或荞麦面和两杯半生水，做成30个等大的窝头，蒸20分钟。每日分5次，共食4～5个。

（7）冷毛巾包脚解除糖尿病口渴。用冷毛巾包住整个脚板，约三五分钟即可解除口渴，临睡前采用此法，可保证一夜不口渴更不会有尿意。

（8）散步治糖尿病。饭前饭后散步，每日三餐六次散步，120步、500步1000步各占1/3。

冠心病

冠状动脉性心脏病，简称冠心病，是一种最常见的心脏病，是指因冠状动脉狭窄、供血不足而引起

的其他可能症状有眩晕、气促、出汗、寒颤、恶心及昏厥。严重患者可能因为心力衰竭而死亡。

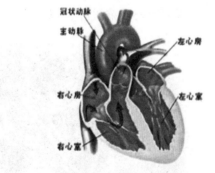

的心肌机能障碍和（或）器质性病变，也称缺血性心肌病。主要表现为胸腔中央发生一种压榨性的疼痛，并可迁延至颈、颌、手臂、后背及胃部。冠状动脉性心脏病发作

◆ 冠心病的症状

冠心病主要有五种类型，分别有如下临床症状:

心绞痛型：表现为胸骨后的压榨感、闷胀感，伴随明显的焦虑，持续3～5分钟，常发散到左侧臂部、肩部、下颌、咽喉部、背部，也可放射到右臂。有时可累及这些部位而不影响胸骨后区。

心肌梗塞型：梗塞发生前一周左右常有前驱症状，如静息和轻微体力活动时发作的心绞痛，伴有明

显的不适和疲惫。梗塞时表现为持续性剧烈压迫感、闷塞感，甚至

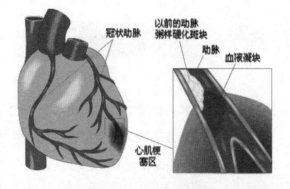

冠状动脉
以前的动脉
粥样硬化斑块
动脉
血液凝块
心肌梗塞区

刀割样疼痛，位于胸骨后，常波及整个前胸，以左侧为重。部分病人可延左臂尺侧向下放射，引起左侧腕部、手掌和手指麻刺感，部分病人可放射至上肢、肩部、颈部、下颌，以左侧为主。

无症状性心肌缺血型：很多病

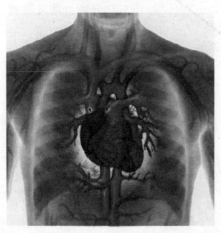

人有广泛的冠状动脉阻塞却没有感到过心绞痛，甚至有些病人在心肌梗塞时也没感到心绞痛。部分病人在发生了心脏性猝死，常规体检时发现心肌梗塞后才被发现。还有部分病人由于心电图有缺血表现而发生了心律失常，或因为运动试验阳性而做冠脉造影时才被发现。

心力衰竭和心律失常型：部分患者原有心绞痛发作，以后由于病

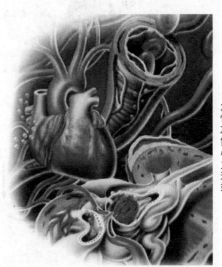

急性左侧心力衰竭

变广泛，心肌广泛纤维化，心绞痛逐渐减少到消失，却出现心力衰竭的表现，如气紧、水肿、乏力等，还有各种心律失常，表现为心悸。

还有部分患者从来没有心绞痛，而直接表现为心力衰竭和心律失常。

猝死型：指由于冠心病引起的

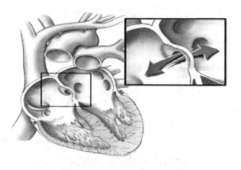

不可预测的突然死亡，在急性症状出现以后6小时内发生心脏骤停所致。这主要是由于缺血造成心肌细胞电生理活动异常，引发严重心律失常所导致。

◆ 冠心病的预防

冠心病的病因和发病机理目前尚未完全阐明，但通过广泛的研究，人们发现了一些危险因素，如高血脂、高血压、吸烟、糖尿病、缺乏体力活动和肥胖等，这些因素多可通过改变生活习惯、接受药物治疗等方式加以调节和控制。为此，预防冠心病可以采取以下各项措施：

（1）合理调整饮食：一般认为，限制饮食中的胆固醇和饱和脂肪酸，增加不饱和脂肪酸，同时补充维生素C，B，E等，限制食盐和碳水化合物的摄入，可预防动脉粥样硬化。

（2）加强体力活动：流行病学调查表明，从事一定的体力劳动和坚持体育锻炼的人，比长期坐位工作和缺乏体力活动的人的冠心

病发病率低些，同时体育锻炼对控制危险因素（减低血脂、降低高血压、减轻体重），改善冠心病患者

的血液循环也有良好的作用。

（3）控制吸烟：吸烟在冠心病的发病中起着一定的作用。有报

告说，在35～54岁死于冠心病的人群中，吸烟者比不吸烟者多4～5倍，吸烟量多者危险性更大，可高达4～5倍，戒烟后心肌梗塞的发病率和冠心病的死亡率显著减少，而且戒烟时间越长效果越大。这足以说明吸烟的危险性和戒烟的重要性。

（4）治疗有关疾病：早期发现和积极治疗高血脂、高血压、糖尿病等与冠心病有关的疾病，尽可能消除和控制这些危险因素，对防止冠心病是十分重要的。

心绞痛病人应尽可能避免与纠正一切能诱发或加重心绞痛的因素，设法改进冠状循环与神经精神功能状态，解除与防止心绞痛发作，为此预防心绞痛发作应采取以下措施：

（1）由于心绞痛是一个慢性

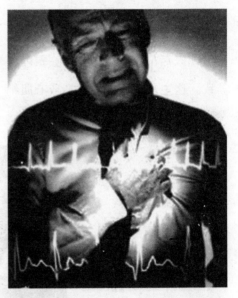

而需要长期注意的病，因此患者要适当地了解疾病的性质，以便正确对待。要消除不必要的焦虑与恐惧心理，培养乐观情绪。

（2）工作应妥善安排，防止

过度脑力紧张和重体力劳动，应有足够的睡眠时间，避免不良的精神刺激。

◆ 冠心病的治疗

戒烟：是防止病变进展最有效的方法之一，而且是最便宜的。戒烟能减少心绞痛发作，增加药物疗效，减少不良事件包括梗塞和死亡的发生率。当然，也要杜绝吸二手烟。

降脂治疗：包括饮食、

生活方式的调节和药物治疗，控制饮食以保持合适的体重，降低过高的血脂，改善其他不健康的饮食结构，如限制食盐量。具体包括：控制总热卡量；减低脂肪，尤其是胆固醇和饱和脂肪酸的摄入量；适当增加蛋白质和碳水化合物的比例；减少饮酒和戒烈性酒。其他非药物治疗措施如运动锻炼，最好坚持每天锻炼，以及适当的体力劳动，病情严重患者应在医生指导下锻炼。

降压：冠心病严重程度和死亡率与血压升高程度关系密切，降压能改善症状和降低不良事件发生率，是冠心病的基本治疗方法。包括多食蔬菜水果，适当运动，戒

酒，减少紧张和焦虑。

降低血糖：糖尿病会增加冠心病死亡率，应严格控制血糖在正常范围内。

抗血小板：血小板活性增高会促进冠心病进展，长期服用阿斯匹林能降低冠心病患者死亡率。

β-受体阻滞剂：可缓解心绞痛发作，降低血压。心肌梗塞后病人长期服用可降低死亡率。

血管紧张素转换酶抑制剂：所有心肌梗塞后病人都要使用，稳定的高危病人要尽早使用，所有冠心病和其他血管病患者如无禁忌也要长期使用。

血运重建治疗：包括冠状动脉旁路移植术和经皮冠状动脉腔内成型术。冠状动脉旁路移植术是用自体动脉或静脉从主动脉根部绕过阻塞区接至阻塞远端的冠状动脉，它可降低心绞痛高危患者死亡率和改善症状；经皮冠状动脉腔内成型术是指在X光下把一种特制的气囊导管插入冠状动脉病变部位进行扩张，从而解除或部分解除狭窄，增加冠脉灌流，改善心肌缺血。经皮冠状动脉腔内成型术能明显改善症状，但对于减少死亡来说，它并不优于单纯药物治疗。但由于这种手术操作起来比冠状动脉旁路移植术方便，对病人损伤小，手术死亡率低，效果明显，应用也变得越来越广泛。

健康小知识

冠心病治疗偏方

（1）宽胸气雾剂或复方细辛气雾剂，疼痛时雾气吸入。

（2）救心油，疼痛时擦人中处并作深呼吸运动。

（3）三棱、莪术粉各1克，温开水送服，每日2～3次。

（4）延胡索、广郁金、檀香等分为末，每次2～3克，温开水送服，每日2～3次。

（5）参三七粉、沉香粉、血竭粉（2∶1∶1和匀），温开水送服，每次2克，每日2～3次。

（6）山萘，细辛，丁香各2份，乳香，没药，冰片各1份，共为末，温开水送服，每服1.5～2克，每日2～3次。

（7）冠心膏，在膻中、心俞、虚里或心前区，各贴一片，每次任选两穴。

（8）栀子、桃仁各12克研末，加炼蜜30克调成糊状，摊敷在心前区，纱布敷盖，第1周每3日换药1次，以后每周换1次，6次为1疗程。

肿 瘤

肿瘤是机体在各种致癌因素作用下，局部组织的某一个细胞在基因水平上失去对其生长的正常调控，导致其克隆性异常增生而形成的新生物。

一般来说，肿瘤分为良性和恶性两大类。良性肿瘤对机体的影响较小，主要表现为局部压迫和阻塞

可产生严重后果。良性肿瘤的继发性改变，也可对机体造成不同程度的影响。恶性肿瘤一般亦可根据组织来源命名，来源于上皮组织的统称为"癌"，来源于间叶组织称为肉瘤。恶性肿瘤由于分化不成熟、生长较快，会破坏器官的结构和功能，并可发生转移，因而对机体影响严重。恶性肿瘤除可引起与上述良性肿瘤相似的局部压迫和阻塞症状外，还可有发热、顽固性疼痛，晚期可出现严重消瘦、乏力、贫血和全身衰竭的症状。

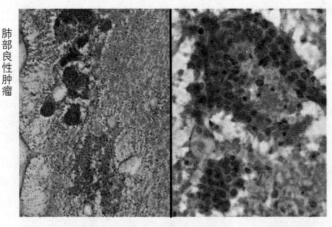
肺部良性肿瘤

症状，其影响主要与发生部位和继发变化有关。若发生在重要器官也

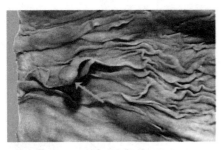

肠息肉状腺瘤

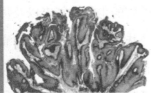

乳头状瘤

多发性肠乳头状腺瘤

卵巢粘液性囊腺瘤

◆ 肿瘤的形态与组织

　　肿瘤的数目大小不一，多为一个，有时也可为多个。肿瘤的大小与肿瘤的性质、生长时间和发生部位有一定关系。生长于体表或较大体腔内的肿瘤有时可生长得很大，而生长于密闭的狭小腔道内的肿瘤一般较小。肿瘤极大者，通常生长缓慢，多为良性；恶性肿瘤生长迅速，短期内即可带来不良后果，因此一般较小。

　　肿瘤的形状多种多样，有息肉状（外生性生长）、乳头状（外生性生长）、结节状（膨胀性生长）、分叶状（膨胀性生长）、囊状（膨胀性生长）、浸润性包块状（浸润性生长）、弥漫性肥厚状（外生伴浸润性生长）、溃疡状伴浸润性生长。形状上的差异与其发生部位、组织来源、生长方式和肿瘤的良恶性密切相关。

一般肿瘤的切面呈灰白或灰红色，视其含血量的多寡、有无出血、变性、坏死等而定。有些肿瘤会因其含有色素而呈现不同的颜色。因此可以根据肿瘤的颜色推断为何种肿瘤。如脂肪瘤呈黄色，恶性黑色素瘤呈黑色，血管瘤呈红色或暗红色。

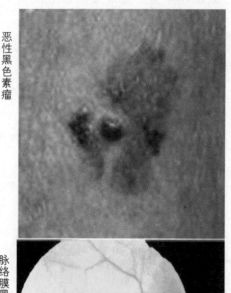

恶性黑色素瘤

脉络膜黑色素瘤

肿瘤的组织结构多种多样，但所有的肿瘤的组织成分都可分为实质和间质两部分。

肿瘤的实质是肿瘤细胞的总称，是肿瘤的主要成分。它决定了肿瘤的生物学特点以及每种肿瘤的特殊性。通常可根据肿瘤的实质形态来识别各种肿瘤的组织来源，进行肿瘤的分类、命名、和组织学诊断，并根据其分化成熟程度和异型性大小来确定肿瘤的良恶性和肿瘤的恶性程度。

肿瘤的间质成分不具特异性，起着支持和营养肿瘤实质的作用。一般由结缔组织和血管组成，间质

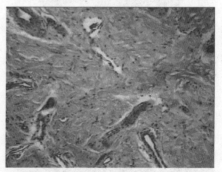

结缔组织

有时还具有淋巴管。通常生长比较快的肿瘤，其间质血管一般较丰

富而结缔组织较少；生长缓慢的肿瘤，其间质血管通常较少。此外，在肿瘤结缔组织中还可以见到纤维母细胞和肌纤维母细胞。肌纤维母细胞具有纤维母细胞和平滑肌细胞

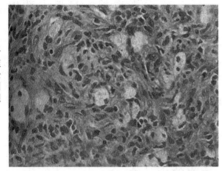

纤维母细胞

的双重特点，这种细胞既能产生胶原纤维，又具有收缩功能，可能对肿瘤细胞的浸润有所限制，这种细胞的增生可以解释乳腺癌的乳头回缩，食管癌和肠癌所导致的肠管僵硬和狭窄现象。

◆ 肿瘤的生长和扩散

　　肿瘤的生长速度与以下三个因素有关：

　　肿瘤细胞倍增时间：肿瘤群体的细胞周期也分为G0、G1、S、G2

和M期。多数恶性肿瘤细胞的倍增时间并不比正常细胞更快，而是与正常细胞相似或比正常细胞更慢。

　　生长分数：指肿瘤细胞群体中处于增殖阶段（S期+G2期）的细胞的比例。恶性转化初期，生长分数较高，但是随着肿瘤的持续增长，多数肿瘤细胞处于G0期，即使是生长迅速的肿瘤生长分数也只有20%。

　　瘤细胞的生长与丢失：营养供

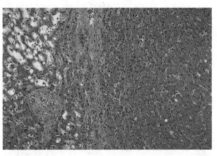

瘤细胞

应不足、坏死脱落、机体抗肿瘤反应等因素会使肿瘤细胞丢失，肿瘤细胞的生成与丢失共同影响着肿瘤能否进行性长大及其长大速度。

　　肿瘤一般呈膨胀性生长、外生性生长和浸润性生长。

　　膨胀性生长：是大多数良性肿

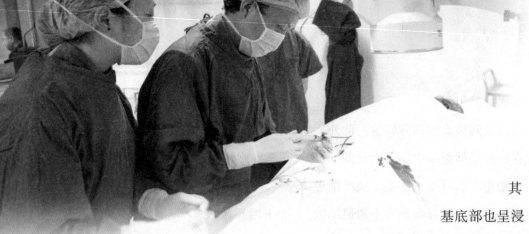

瘤所表现的生长方式，肿瘤生长缓慢，不侵袭周围组织，往往呈结节状，有完整的包膜，与周围组织分界明显，对周围的器官、组织主要起挤压或阻塞的作用。一般均不明显破坏器官的结构和功能。因为其与周围组织分界清楚，手术容易摘除，摘除后不易复发。

外生性生长：发生在体表、体腔表面或管道器官（如消化道、泌尿生殖道）表面的肿瘤，常向表面生长，形成突起的乳头状、息肉状、菜花状的肿物，良性、恶性肿瘤都可呈外生性生长。但恶性肿瘤在外生性生长的同时，其基底部也呈浸润性生长，且外生性生长的恶性肿瘤由于生长迅速、血供不足，容易发生坏死脱落而形成底部高低不平、边缘隆起的恶性溃疡。

浸润性生长：为大多数恶性肿瘤的生长方式。由于肿瘤生长迅速，侵入周围组织间隙、淋巴管、血管，如树根之长入泥土，浸润并破坏周围组织，这样形成的肿瘤往往没有包膜或包膜不完整，与周围组织分界不明显。临床触诊时，肿瘤固定不活动，手术切除这种肿瘤时，为防止复发，切除范围应该比肉眼所见范围大，因为这些部位也可能有肿瘤细胞的浸润。

肿瘤的扩散是恶性肿瘤的主要特征。具有浸润性生长的恶性肿瘤，不仅可以在原发部位生长、直接蔓延，而且还可以通过各种途径扩散到身体其他部位。瘤细胞沿组织间隙、淋巴管、血管或神经束浸

要作用。单个癌细胞进入血管后，一般绝大多数被机体的免疫细胞所消灭，但被血小板凝集成团的瘤细胞团则不易被消灭，它可以通过上述途径穿过血管内皮和基底膜，形成新的转移灶。

肿瘤转移的发生具有明显的器官倾向性，如肺癌易转移到肾上腺和脑，甲状腺癌、肾癌和前列腺癌易转移到骨，乳腺癌常转移到肝、肺、骨。产生

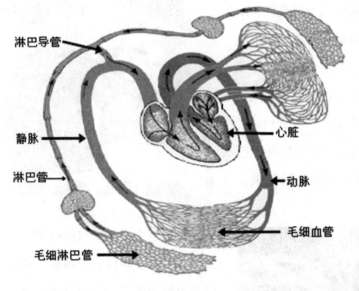

润，破坏临近正常组织、器官，并继续生长。在通常情况下，良性肿瘤不转移，只有恶性肿瘤才转移。

恶性肿瘤的浸润和转移机制包括局部浸润、血行播散。浸润能力强的瘤细胞亚克隆的出现和肿瘤内血管形成对肿瘤的局部浸润都起重

这种转移现象的原因目前还不清楚，有可能是这些器官的血管内皮上有能与进入血循环的癌细胞表面的粘附分子特异性结合的配体，或由于这些器官能够释放吸引癌细胞的化学物质。

◆ 肿瘤的预防

细胞组织如果异常生长，就会出现肿瘤，它在人体内没有任何功用，反而常会妨碍正常的身体机能。肿瘤的形成与环境及饮食两大因素有关。当患者改变饮食习惯，并补充维生素及矿物质以后，有些人的肿瘤变小，甚至消失了。这是因为适当的饮食能增强免疫系统，进而抑制肿瘤的生长。为了预防肿瘤的形成，平时应注以下几点：

（1）养成良好的生活习惯，戒烟限酒。

（2）不要过多地吃咸而辣的食物，不吃过热、过冷、过期及变质的食物；年老体弱或有某种疾病遗传基因者酌情吃一些防癌食品和含碱量高的碱性食品，保持良好的精神状态。

（3）有良好的心态应对压

力，劳逸结合，不要过度疲劳。中医认为压力会导致过劳体虚，从而引起免疫功能下降、内分泌失调，压力也可导致精神紧张引起气滞血淤、毒火内陷等。

（4）加强体育锻炼，增强体质，提高耐寒能力和机体抵抗力。

（5）生活要有规律，生活习惯不规律的人，会加重体质酸化，容易患癌症。应当养成良好的生活习惯，从而保持弱碱性体质，使各种癌症疾病远离自己。

（6）不要食用被污染的食物，要吃一些绿色有机食品，要防止病从口入。

◆ 肿瘤的治疗

从恶性肿瘤治疗方法的历史发展与衍变来看，肿瘤外科学、肿瘤放射治疗学、肿瘤化学治疗学一起构成了现代肿瘤治疗学的三大支柱。

从治疗效应看，外科手术和放射治疗都为局部治疗的方法。因此，肿瘤外科学家和放射肿瘤学家对肿瘤概念结构认识极为相似，两

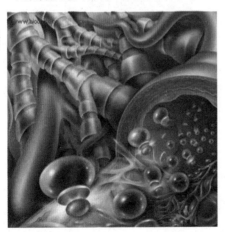

血管

者都认为恶性肿瘤发生在局部，侵犯周围组织、经淋巴管、血管或通过自然腔隙转移他处。这样，治疗的重点自然放在了局部上，即控制局部生长和局部扩散特别是淋巴结的转移上。药物治疗属于全身效应的方法。因此肿瘤化学治疗专家除了重视局部肿瘤外，更多地把着眼点放在了恶性肿瘤的扩散和转移上。他们对于肿瘤治疗的观点为细胞指数杀灭，故强调了多疗程、足

肿瘤细胞

剂量的用药方法，以期能彻底杀灭绝大部分的肿瘤细胞。

肿瘤治疗历经手术、放疗、化疗及生物治疗，近年，众多学者又提出肿瘤综合治疗的概念。所谓肿

瘤综合治疗是指：根据病人的机体状况、肿瘤的病理类型、侵犯范围（病期）和发展趋势，有计划地合理地应用现有的治疗手段，以期大幅度地提高治愈率。可以说，肿瘤治疗学研究已显示出多学科的合作与补充，肿瘤的治疗也已进入综合

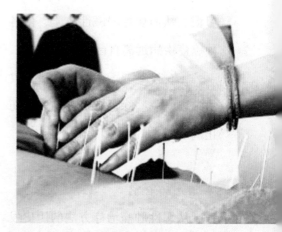

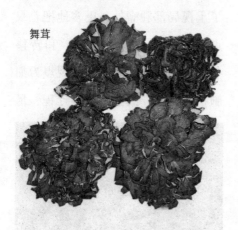

舞茸

治疗的时代。20世纪80年代以来，以美国和日本为首的科学家对舞茸的研究取得了突破性进展，给癌症患者带来了全新的治疗手段，取得了较为理想的效果。

中医治疗肿瘤：中医治疗肿瘤以是中医整体辩证理论为基础、

结合针灸理论、癌康诱导理论、免疫抗癌理论、物理医学理论而产生的，它是一种抗癌、保命与治本相结合和治疗方法。以改善肿瘤间质细胞功能而抗癌；以调理气血、调整阴阳平衡、维持正常生命体征而保命；以培补正气、产生抗体，清理"毒源"而治本。适合中医治疗肿瘤的患者包括：早期肿瘤患者，未转移者；不适于手术、放疗、化疗及患者不愿意西医治疗者；晚期癌痛西药无效者；已经接受手术、放疗、化疗的患者需要中医减轻并发症及辅助治疗者。

中　风

中风是以突然昏扑、半身不遂、语言謇涩或失语、口舌歪斜、

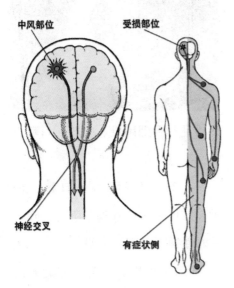

中风部位　　　受损部位

神经交叉

有症状侧

偏身麻木为主要表现的疾病，并且具有起病急、变化快、如风邪行数变的特点，故名中风。中风发病率和死亡率较高，常留有后遗症，发病年龄也趋向年轻化，因此，是威胁人类生命和生活质量的重大

疾患。

西医学将中风分为出血性中风和缺血性中风两类，高血压、动脉硬化、脑血管畸形、脑动脉瘤常可导致出血性中风；风湿性心脏病、心房颤动、细菌性心内膜炎等常形成缺血性中风。另外高血糖、高血

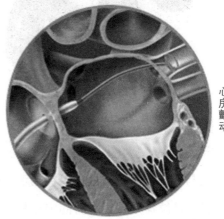

心房颤动

脂、血液流变学异常及情绪的异常波动与中风的发生也有着相当密切的联系。

◆ 中风的症状及并发症

中风在临床上表现为各种先兆症状，这些症状常在中风发生前数分钟至数天内出现，归纳起来大致有以下四种：

（1）头痛、头晕，视物旋

转、恶心、呕吐。头痛的形式和感觉与平日不同，程度比以往加重并且呈持续性发展，有时固定在某一部位。

（2）各种运动障碍：四肢一侧无力，或活动不灵、持物不稳，

有时伴肌肉痉挛；走路时会在意识清醒的状态下突然跌倒在地，或行走不稳；突然出现吐字不清，说

话错乱；吞咽困难、呛咳；口嘴歪斜、流涎。

（3）感觉障碍：口唇、面舌，肢体麻木，耳鸣、听力下降，一时性视力模糊或失明。

（4）性格、行为、智能方面突然一反常态，如变得孤僻寡言，抑郁焦虑或急躁多语，丧失正常的理解判断力；无故发笑或哭泣，且难以自制，整天昏昏欲睡。

一旦发现周边的人或者家人出现相应的症状，应该引起高度重

视，但不要过度紧张惊慌。首先要保持安静，让病人卧床休息，注意观察血压变化。最好请医生出诊，否则应到医院作进一步检查。搬动最好用担架，途中避免颠簸，病人应躺平，头偏向一侧，以免呕吐物阻塞气道或引起吸入性肺炎。另外高血压病人发生中风后，以后复发的机会更大，所以，要加强监护，一旦发生上面情况，要加紧送往医院。

脑出血或大面积的脑梗塞后，

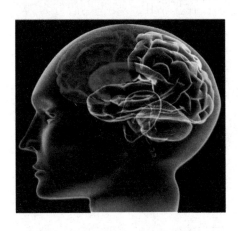

常会并发身体其他脏器的疾病，常见的有急性消化道出血、脑心综合征、肺部感染和急性肺水肿、褥疮、中枢性呼吸困难、中枢性呃逆

脑卒中后抑郁等，分述如下：

肺部感染：脑部病变可能导致肺和呼吸道血管功能紊乱，肺水肿

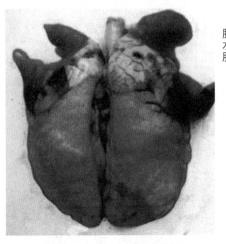

肺水肿

淤血；较长时间不翻身，会导致肺部分泌物坠积；以及呕吐物误吸入气管等，都会促使肺炎发生。所以应加强护理，如每3～4小时轻轻变动病人的体位并轻拍背部，使肺部分泌物不至于长期积贮，并使它容易排出。喂食时要特别小心，尽可能防止肺炎发生。

褥疮：由于瘫痪肢体活动受限，骨头隆起部位容易受压，局部皮肤血液循环与营养出现障碍，故容易发生褥疮，好发部位在腰背部、骶尾部、股骨大转子、外踝、足跟处。为避免褥疮发生，可帮助病人每2小时更换1次体位；在易发褥疮的部位放置气圈、海绵垫等，以保持皮肤干燥；还可进行局部按摩，以改善血液循环。

急性消化道出血：大部分发生于发病后1周以内，半数以上出血来自胃部，其次为食管，表现为呕血或黑便。

脑心综合征：发病后1周内检查心电图，可发现心脏有缺血性改变、心律失常，甚至会发生心肌梗塞。

中枢性呼吸困难：该症多见于昏迷病人。呼吸呈快、浅、弱及不规则，或呈叹气样呼吸、呼吸暂停，这是由于脑干呼吸中枢受到了影响，出现这种症状则说明病情已经很严重了。

中枢性呃逆：见于中风的急、慢性期。重者呈顽固性发作，也是病情严重的征象。

◆ 中风的预防

中风的预防应分两个层次进行，即一般预防和重点预防。

中风的一般预防主要是针对大众人群，尤其是具有中风危险因素的易患人群进行宣传教育和积极治疗，以改变他们的生活行为方式和控制危险因素。

（1）改变不良的生活行为方式：在生活中，某些生活行为因素与中风发病的风险密切相关，如吸烟、过量饮酒、高脂饮食、久坐的工作和生活方式、长期处于精神紧张状态等。针对这些因素，应根据个体的情况进行调整和改变。

（2）积极治疗和控制中风的危险因素：中风是在高血压、糖尿病、心脏病、高血脂和肥胖等因素的长期作用下，导致脑血管功能损害的。当脑血管功能损害到一定程度时，在诱发因素的促使下便会发病。因此，一旦发现自己有与中风相关的危险因素，即应积极采取措施进行治疗和控制。

中风的重点预防则是在一般预防的基础上，通过科学的检测手段，从中风的易患人群中筛选出高危个体，进行重点的干预。

（1）检查脑血管功能，评估中风发病风险：脑血管血液动力学检测是一种无创伤的脑血管功能检测方法。脑血管功能积分能

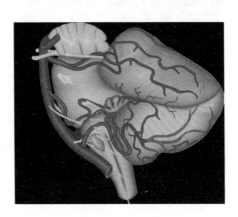

够定量评价脑血管的功能状况和中风发病的风险。正常人为 100分，75 分以下时提示脑血管功能

有不同程度的异常。分值越低，中风的可能性越大。当脑血管功能积分降低合并有高血压时，中风的发病风险更高。

（2）合理进行药物预防：当脑血管功能受到损害时，即积分值在 75 分以下，除了按专科医师的建议治疗中风相关的疾病外，还应进行药物预防。目前肯定有效的药物有：阿司匹林、祥鹤脑安、他汀类药等。

（3）按时复查脑血管功能：每年应复查脑血管功能 1~2 次。若脑血管血流量、血流速度和脑血管功能积分等指标上升，提示防治效果良好，否则应及时调整防治方案。

◆ 中风的治疗

在中风急性期，治疗方法一般分内科治疗和手术治疗两种。其中内科治疗方法包括以下几个方面：安静卧床、镇静、止痉和

止痛药、头部降温；调整血压，降低颅内压；注意热量补充和水、电解质及酸碱平衡；防治并发症。

在中风恢复期，治疗的主要目的为促进瘫痪肢体和语言障碍的功能恢复，改善脑功能，减少后遗症以及预防复发。主要包括以下几个方面：

生活规律，饮食适度，大便不宜干结。

日常生活训练：①垫操：让患者在垫子上学习如何来去移动，侧卧和坐起，渐延及起床、上下床等。②拐杖平衡练习：学习和应用拐杖技巧，上下轮椅。③自我护理训练：个人卫生、刷牙、洗脸、洗澡等；个人体表修饰、梳头、修面；上厕所或便器，大小便自我处理；就餐，穿、脱衣服；带手表、开灯、打电话、戴眼镜等。④旅行活动：上下汽车及其他交通工具。

（2）药物治疗：可选用促进神经代谢药物，如脑复康、胞二磷胆碱、脑活素、r-氨酪酸、辅酶

Q10、维生素B类、维生素E及扩张血管药物等，也可选用活血化瘀、

益气通络、滋补肝肾、化痰开窍等中药方剂。

（3）被动治疗：先从简单的动作开始，从肢体的近端坐至远端，逐级训练，最终达到患侧肢体的功能恢复。家属在做被动运动时应缓慢而柔和，有规律性，避免用力牵扯或大幅度动作。逐步增加被动活动的幅度和范围，每日至少进行2次以上，每次每个动作应重复10次左右，并要持之以恒。在做被动运动时，病人的健侧上下肢最好也要做相同的动作，这样可以通过健侧神经冲动的扩散刺激患侧的肌肉兴奋性冲动的产生，有利于患肢的功能恢复。

第四章

传染病

　　传染病是由各种病原体引起的能在人与人、动物与动物或人与动物之间相互传播的一类疾病。病原体中大部分是微生物，小部分为寄生虫。中国目前的法定传染病有甲、乙、丙3类。甲类传染病也称为强制管理传染病，包括：鼠疫、霍乱。乙类传染病也称为严格管理传染病，包括：传染性非典型肺炎、艾滋病、病毒性肝炎、狂犬病、流行性乙型脑炎、百日咳等。丙类传染病也称为监测管理传染病，包括：流行性感冒、流行性腮腺炎、急性出血性结膜炎、麻风病、伤寒等。

　　传染病的特点是有病原体，有传染性和流行性，感染后常有免疫性。有些传染病还有季节性或地方性。传染病有许多种分类方法。按病原体的不同，可以分为病毒性传染病、细菌性传染病、衣原体性传染病等；根据传播途径的不同，可以分为呼吸道传染病、肠道传染病、皮肤性传染病、人畜共患性传染病；根据病程的长短，可分为急性和慢性传染病等。传染病的传播和流行必须具备3个环节，即传染源、传播途径及易感者。当一个传染性疾病影响到一个广大的地理区域，就称为瘟疫。瘟疫会造成死亡、摧毁城市、政治、国家、瓦解文明，甚至可以歼灭族群、物种。这一章里，我们就来一起探讨一下传染病的相关知识。

猩红热

猩红热为A群溶血性链球菌所引起的急性呼吸道传染病，也可引起扁桃体炎、丹毒、风湿热、心内膜炎及局部感染。临床以发热、咽峡炎、全身弥漫性猩红色皮疹和

皮疹

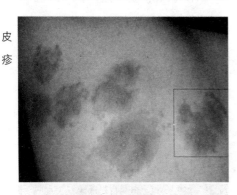

疹退后皮肤脱屑为特征。少数人在病后可出现变态反应性心、肾并发症。本病一年四季都有发生，尤以冬春之季发病为多。多见于小儿，尤以5～15岁居多。

◆ 猩红热的症状

普通型：潜伏期一般2～4天，最短1天，最长7天。起病急骤，发热，体温一般38℃～39℃，重者可达40℃以上，婴幼儿起病时可能产生惊厥。患者全身不适，咽喉疼痛明显，会影响到食欲。咽喉及扁桃体显著充血，亦可见脓性分泌物。舌头红肿如草莓，称杨梅舌。颈部

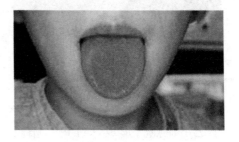

及颌下淋巴结肿大，有触痛。皮疹于24小时左右迅速出现，最初见于腋下、颈部与腹股沟，1日内迅速蔓延至全身。典型皮疹为弥漫着针

尖大小的猩红色小丘疹，触之如粗砂纸样，或人寒冷时的鸡皮样疹。疹间皮肤潮红，用手压可暂时转白。面颊部潮红无皮疹，而口周围

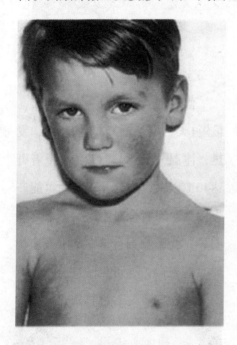

皮肤苍白，称口周苍白圈。皮肤皱折处，如腋窝、肘、腹股沟等处，皮疹密集，色深红，其间有针尖大小之出血点，形成深红色"帕氏征"。口腔黏膜亦可见黏膜疹，充血或出血点。病程第1周末开始脱屑，是猩红热特征性症状之一，首见于面部，次及躯干，然后到达肢

体与手足掌。面部脱屑，躯干和手足大片脱皮，呈手套、袜套状。脱屑程度与皮疹轻重有关，一般2～4周脱净，不留色素沉着。

轻型：全部病程中缺乏特征性症状，往往至出现典型的皮肤脱屑时，才取得回顾性的诊断。患者可有低热1～2天或不发热，皮疹隐约可见，出疹期很短，无杨梅舌。发病后1～3周皮肤脱屑或脱皮。

中毒型：起病急骤，体温可高至40.5℃以上。全身中毒症状明显，头痛、惊厥、呕吐为常见症状。咽扁桃体炎症严重，有明显红斑疹。如合并脓毒症状，甚至会发生休克，危险性很高。

外科型：链球菌经皮肤或黏膜

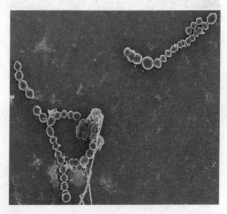

伤口感染时，可有局部急性化脓性病变，皮疹从创口开始，再发展到其他部位皮肤。无咽炎和杨梅舌。

◆ 猩红热并发症

儿童猩红热容易产生严重的并发症，如急性肾炎、风湿热，应引

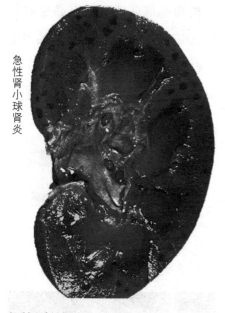

急性肾小球肾炎

起特别的重视。化脓性并发症：由于细菌直接侵袭咽喉附近的组织，常易引起这些组织发炎，如化脓性淋巴结炎，表现为颈部淋巴结肿大，伴有压痛；化脓性中耳炎，表现为耳道有脓性渗出。

中毒性心肌炎：在猩红热的早期，病菌产生的大量毒素常常会侵犯到心脏，引起心肌炎等。病人会出现高热、寒颤、面色难看等毒血症状。

溶血性链球菌侵入机体后常使人体免疫系统发生抗原抗体的免疫反应，临床可出现下列并发症：急性肾小球肾炎绝大部分为链球菌感

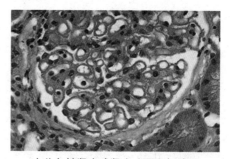

小儿急性肾小球肾炎（图）细胞图

染后肾炎，临床以血尿、少尿、浮肿和高血压为主要表现；风湿热与溶血性链球菌关系密切，临床表现为发热、游走性多发性关节炎、心脏炎等。

◆ 猩红热的认识与防治

猩红热病在中国大约已有二百

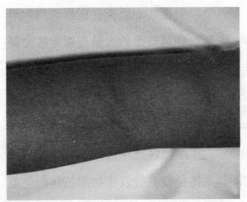

余年的历史，尤其近代更是该病流行最猖獗的时期，医籍史书曾对它有过详细记载。在20世纪前半叶，此病以其病情危重、致死率高而成为当时一种可怕的传染病。如今，猩红热已属于一种可治、较轻的急性呼吸道传染病。

猩红热的预防措施概括起来主要有三点：

（1）管理传染源。病人及带菌者隔离6～7天。有人主张用青霉素治疗2天，可使95%左右的患者咽试子培养阴转，届时即可出院。咽试子培养持续阳性者应延长隔离期。当儿童机构或新兵单位发现病人后，应予检疫至最后一个病人发病满1周为止。

（2）切断传播途径。流行期间，小儿应避免到公共场所，住房应注意通风；对可疑猩红热、咽峡炎患者及带菌者，都应给予隔离治疗。

（3）保护易感者。对儿童机构、部队或其他有必要的集体，可酌情采用药物预防，如用苄星青霉素或磺胺嘧啶。

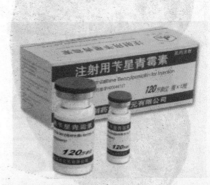

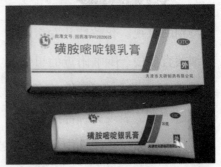

禽流感

禽流感是禽流行性感冒的简称，它是一种由甲型流感病毒的一种亚型（也称禽流感病毒）引起的

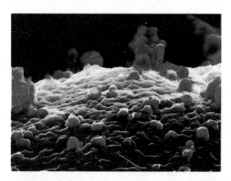

传染性疾病，被国际兽疫局定为甲类传染病，也称为真性鸡瘟或欧洲鸡瘟。按病原体类型的不同，禽流感可分为高致病性、低致病性和非致病性禽流感三大类。非致病性禽流感不会引起明显症状，仅会使染病的禽鸟体内产生病毒抗体。低致病性禽流感可使禽类出现轻度呼吸道症状，食量减少，产蛋量下降，

出现零星死亡。高致病性禽流感最为严重，发病率和死亡率均高，感染的鸡群常常无一幸免。

尽管人类感染禽流感病毒的概率很小，但自从1997年在香港发现人类也会感染禽流感之后，此病症便引起了全世界卫生组织的高度关注。其后，本病一直在亚洲区零星爆发，但从2003年12月开始，禽流感在东亚多国——主要在越南、韩国、泰国等地严重爆发，并造成越

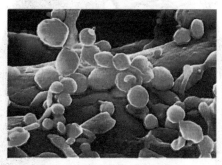

禽流感病毒附着在健康细胞上

南多名病人丧生。直到2005年中，疫症也未有平息的迹象，仍在不断扩散。

◆ 禽流感的症状

禽流感的症状依感染禽类的品种、年龄、性别、并发感染程度、病毒毒力和环境因素等而有所不同，主要表现为呼吸道、消化道、生殖系统或神经系统的异常。

常见症状有：病鸡精神沉郁，饲料消耗量减少，消瘦；母鸡的就巢性增强，产蛋量下降；轻度直至严重的呼吸道症状，包括咳嗽、打喷嚏和大量流泪；头部和脸部水肿，神经紊乱和腹泻。这些症状中的任何一种都可能单独或以不同的组合出现。有时此病暴发很迅速，在没有明显症状时就已发现鸡死亡。另外，禽流感的发病率和死亡率差异很大，主要取决于禽类种别和毒株以及年龄、环境和并发感染等，通常情况为高发病率和低死亡率。在高致病力病毒感染时，发病率和死亡率可达100%。

禽流感潜伏期从几小时到几天不等，其长短与病毒的致病性、感染病毒的剂量、感染途径和被感染禽的品种有关。

上鼻甲 Concha nasalis superior
鼻腔 Cavitas nasi
中鼻甲 Concha nasalis media
下鼻甲 Concha nasalis inferior
口腔 Cavitas oris
软腭 Palatum molle
咽 Pharynx
甲状软骨 Cartilago thyroidea
环状软骨 Cartilago cricoidea
喉 Larynx
右主支气管 Bronchus principalis dexter
气管 Trachea
胸膜顶 Cupula pleurae [pleuralis]
壁胸膜 Pleura parietalis
脏胸膜 Pleura visceralis
左主支气管 Bronchus principalis sinister
胸膜腔 Cavitas pleuralis
上叶（左肺）Lobus superior (Pulmo sinister)
肋胸膜 Pleura costalis
膈 Diaphragma
下叶（左肺）Lobus inferior (Pulmo sinister)
肋膈隐窝 Recessus costodiaphragmaticus
膈胸膜 Pleura diaphragmatica

◆ 禽流感的预防

（1）加强禽类疾病的监测，一旦发现禽流感疫情，动物防疫部

门立即按有关规定进行处理。养殖和处理的所有相关人员要做好防护工作。

（2）加强对密切接触禽类人员的监测。当这些人员中出现流感样症状时，应立即进行流行病学调查，采集病人标本并送至指定实验室检测，以进一步明确病原，同时应采取相应的防治措施。

（3）接触人禽流感患者应戴口罩、戴手套、穿隔离衣。接触后应洗手。

（4）要加强检测标本和实验室禽流感病毒毒株的管理，严格执行操作规范，防止医院感染和实验室的感染及传播。

（5）注意饮食卫生，不喝生水，不吃未熟的肉类及蛋类等食品；勤洗手，养成良好的个人卫生习惯。

（6）养成早晚洗鼻的良好卫生习惯，保持呼吸道健康，增强呼吸道抵抗力。

（7）药物预防。对密切接触者必要时可试用抗流感病毒药物或按中医药辨证施防。

（8）别去疫区旅游。

不要去疫区！

旅游

（9）重视高温杀毒。

◆ 禽流感的治疗

（1）对疑似和确诊患者应进

行隔离治疗。

（2）对症治疗可应用解热药、缓解鼻黏膜充血药、止咳祛痰药等。

（3）抗流感病毒治疗应在发病48小时内试用抗流感病毒药物。主要有神经氨酸酶抑制剂：奥司他韦，为新型抗流感病毒药物，试

验研究表明对禽流感病毒有抑制作用；离子通道阻滞剂：金刚烷胺和金刚乙胺。金刚烷胺和金刚乙胺可抑制

禽流感病毒株的复制，早期应用可阻止病情发展、减轻病情、改善预后。治疗过程中应注意中枢神经系统

和胃肠道副作用，肾功能受损者酌减剂量，有癫痫病史者忌用。

（4）及早使用中医药治疗；清热、解毒、化湿、扶正祛邪；辨证使用中成药，可与中药汤剂综合应用。

（5）加强支持治疗和预防并发症。注意休息、多饮水、增加营养，吃些易于消化的食物。密切观

察、监测并预防并发症。抗菌药物应在明确或有充分证据提示继发细菌感染时使用。

（6）重症患者的治疗。重症或发生肺炎的患者应入院治疗，对出现呼吸功能障碍者给予吸氧及其他呼吸支持，发生其他并发症的患者应积极采取相应治疗。

疟 疾

疟疾是由疟原虫引起的寄生虫

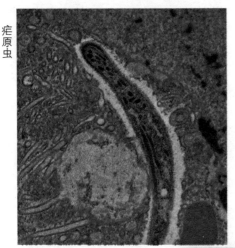

疟原虫

◆ 疟疾的症状

典型的疟疾多呈周期性发作，表现为间歇性寒热发作。一般在发作时先有明显的寒战，全身发抖，面色苍白，口唇发绀。寒战持续约10分钟至2小时，接着体温迅速上升，常达40℃或更高，面色潮红，皮肤干热，烦躁不安。高热持续约2～6小时后，全身大汗淋漓，大汗

病，临床表现为周期性规律发作，全身发冷、发热、多汗，长期多次发作后，可引起贫血和脾肿大。在热带及亚热带地区一年四季都可以发病，并且容易流行。

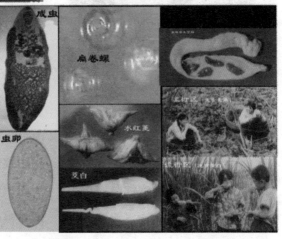

各种寄生虫

成虫

扁卷螺

水红菱

虫卵

茭白

后体温降至正常或正常以下。经过一段间歇期后，又开始重复上述间歇性定时寒战、高热发作。

婴幼儿疟疾发热多不规则，可表现为持续高热或体温忽高忽低，在发热前可以没有寒战表现，或仅有四肢发凉、面色苍白等症状。婴幼儿疟疾高热时往往容易发生惊厥。

疟疾的初期病征与感冒相似，有间歇性发烧发冷和头痛，并可导致并发症如肺水肿、肝肾衰竭贫

肺水肿

血，甚至昏迷。后期如不经过治疗有可能发生严重并发症如脑型疟、黑热尿，甚至导致死亡。恶性疟热

型疟疾能引起严重的并发症并波及肾、肝、脑血液。

◆ 疟疾的预防

要控制和预防疟疾，必须认真贯彻预防为主的卫生工作方针。部队进入疟区前，应及时做好流行病学侦察，针对疟疾流行的三个基本环节，采取综合性防治措施。

（1）管理传染源，及时发现疟疾病人，并进行登记，管理和追踪观察。对现症者要尽快控制，并予以根治；对带虫者进行休止期治疗或抗复发治疗，通常在春季或流行高峰前一个月进行。凡两年内有疟疾病史、血中查到疟原虫或脾大者均应进行治疗，在发病率较高的疫区，可考虑对15岁以下儿童或全体居民进行治疗。

（2）切断传播途径，在有蚊季节正确使用蚊帐，户外执勤时使用防蚊剂及防蚊设备。灭蚊措施除大面积应用灭蚊剂外，量重要的是消除积水，根除蚊子孳生场所。

◆ 疟疾的治疗

基础治疗：发作期及退热后24小时应卧床休息；要注意水份的补给，对食欲不佳者给予流质或半流质饮食，至恢复期给高蛋白饮食；吐泻不能进食者，则适当补液；有贫血者可辅以铁剂；寒战时注意保暖；大汗应及时用干毛巾或温湿毛巾擦干，并随时更换汗湿的衣被，以免受凉；高热时采用物理降温，过高热患者因高热难忍时可药物降温；凶险发热者应严密观察病情，及时发现生命体征的变化，详细记

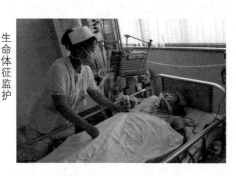

生命体征监护

录出入量，做好基础护理；按虫媒传染病做好隔离，患者所用的注射器要洗净消毒。

控制发作：磷酸氯喹简称氯

磷酸氯喹

喹，该药吸收快且安全，服后1～2小时血浓度即达高峰；半衰期120小时，疗程短，毒性较小，是目前控制发作的首选药。但部分患者服后有头晕、恶心，过量可引起心脏房室传导阻滞、心率紊乱、血压下降。禁忌不稀释静注及儿童肌肉注射。严重中毒呈阿斯综合征者，采用大剂量阿托品抢救或用起搏器。值得注意的是恶性疟疾的疟原虫有的对该药已产生抗性。青蒿素，该药作用于原虫膜系结构，损害核膜、线粒体外膜等而起抗疟作用。其吸收特快，很适用于凶险疟疾的抢救。

针刺疗法：于发作前两小时治

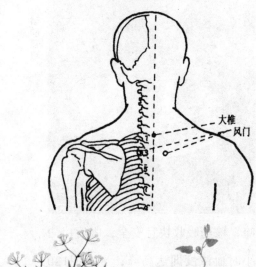

大椎
风门

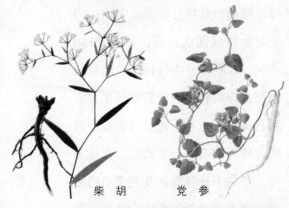

柴 胡　　党 参

草 果

疗可控制发作。该疗法系调动了体内免疫反应力，针刺穴位有大椎、陶道、后溪，前两穴要使针感向肩及尾骨方向放散，间歇提插捻转半小时。疟门穴，承山穴单独针刺有同样效果。

中医药：中医学认为疟疾的病因是外感暑温疟邪，分为正疟、瘴疟、久疟。正疟相当于慢性复发疟疾。正疟主张和解少阳，祛邪上疟，应用小柴胡汤（柴胡、黄芩、党参、陈皮、甘草），随症加减。瘴疟认为需清热、保津、截疟，主张给生石膏、知母、玄参、麦冬、柴胡，随症加减。久疟者需滋阴清热，扶养正气以化痰破淤、软坚散结，常用青蒿别甲煎、别甲煎丸等。民间常用单方验方，如马鞭草1～2两浓煎服；独头大蒜捣烂敷内关；酒炒常山、槟榔、草果仁煎服等。均为发作前2～3小时饮用。

疟疾可能源自黑猩猩

美国加利福尼亚大学研究人员发现，与艾滋病一样，疟疾很可能也是由黑猩猩传染给人类的。这项研究成果发表在美国一期《国家科学院学报》上。

加州大学欧文分校生物学家弗朗西斯科·阿亚拉领导的研究小组检测了喀麦隆和科特迪瓦94只黑猩猩的血样，以确定它们体内的疟原虫种类，其中8只黑猩猩体内发现了亚种疟原虫。这种疟原虫是恶性疟原虫已知"血缘最近"的近亲，而人类85%的疟疾病例以及几乎所有疟疾死亡病例都是由恶性疟原虫引起的。

研究人员随后进行的基因检测表明，目前已知的所有恶性疟原虫都是黑猩猩体内发现的亚种疟原虫的直系后代。研究人员推测，恶性疟原虫最晚可能在大约5000年前被传播到人类身上。阿亚拉表示，科学家一直试图开发出疟疾疫苗，但迄今尚未成功，理解疟原虫的来历可能有助于疫苗的开发。

霍　乱

霍乱是由霍乱弧菌所致的烈性

霍乱弧菌

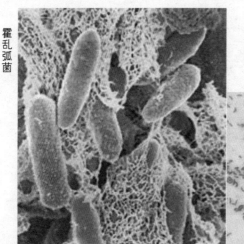

肠道传染病，临床上以剧烈无痛性泻吐，米泔样大便，严重脱水，肌肉痛性痉挛及周围循环衰竭等为特征。霍乱在1817～1923年的100多年间，在亚、非、欧美各洲，曾先后发生过6次世界性大流行。1820年（清嘉庆二十五年）霍乱传入中国，至1948年为止的近130年中，大小流行近百次，6次世界性大流行无一未祸及中国。

霍乱弧菌分为两个生物型，一个是中古典生物型即霍乱的病原体，另一个是爱尔·托生物型即副霍乱的病原体。这两个生物型除某些生物学特征有所不同外，在形态学及血清学性状方面几乎相同。霍乱弧菌为革兰氏染色阴性，对干燥、日光、热、酸及一般消毒剂均敏感。霍乱弧菌产生致病性的是内毒素及外毒素，正常胃酸可杀死弧菌，当胃酸暂时低下时或入侵病毒菌数量增多时，未被胃酸杀死的弧菌就进入小肠，在碱性肠液内迅速繁殖，并产生大量强烈的外毒素。这种外毒素对小肠粘膜的作用引起肠液的大量分泌，其分泌量很大，超过了肠管再吸收的能力，在临床上出现剧烈泻吐，严重脱水，致使血浆容量明显减少，体内盐分缺乏，血液浓缩，出现周围循环衰竭。由于剧烈泻吐，导致出现电解质丢失、缺钾缺钠、肌肉痉挛、酸中毒等症状甚至发生休克及急性肾功衰竭。

◆ 霍乱的症状

人受染后，隐性感染者比例较大。在显性感染者中，以轻型病例为多，这一情

况在埃尔托型霍乱中尤为明显。本病的潜伏期可为数小时至5日，以1～2日为最常见。多数患者起病急骤，无明显前驱症状。霍乱的病程一般可分为三期：

（1）泻吐期：多以突然腹泻开始，继而呕吐。一般无明显腹痛，无里急后重感。每日大便数次甚至难以计数，量多，每天2000～4000毫升，严重者8000毫升以上，初为黄水样，不久转为米

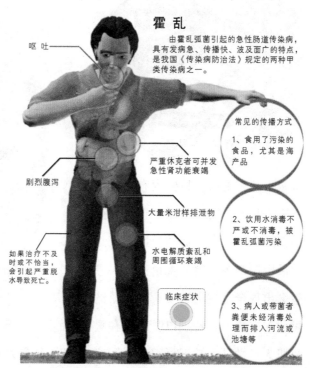

霍乱

由霍乱弧菌引起的急性肠道传染病，具有发病急、传播快、波及面广的特点，是我国《传染病防治法》规定的两种甲类传染病之一。

呕吐

剧烈腹泻

严重休克者可并发急性肾功能衰竭

大量米泔样排泄物

水电解质紊乱和周围循环衰竭

如果治疗不及时或不恰当，会引起严重脱水导致死亡。

临床症状

常见的传播方式

1、食用了污染的食品，尤其是海产品

2、饮用水消毒不严或不消毒，被霍乱弧菌污染

3、病人或带菌者粪便未经消毒处理而排入河流或池塘等

泔水水样便，少数患者有血性水样便或柏油样便。腹泻后出现喷射性和边疆性呕吐，初为胃内容物，继而水样，米泔样。呕吐多不伴有恶心，喷射样呕吐，其内容物与大便性状相似。约15%的患者腹泻时不伴有呕吐。由于严重泻吐引起体液与电解质的大量丢失，出现循环衰竭，表现为血压下降，脉搏微弱，血红蛋白及血浆比重显著增高，尿

血红蛋白胰岛素

量减少甚至无尿。机体内有机酸及氮素产物排泄出现障碍，患者往往出现酸中毒及尿毒症的初期症状。血液中钠钾等电解质大量丢失，患者会出现全身性电解质紊乱。缺钠可引起肉痉挛，特别以腓肠肌和腹直肌为最常见；缺钾可引起低钾综

合征，如全身肌肉张力减退、肌腱反射消失、鼓肠、心动过速、心律不齐等。由于碳酸氢根离子大量丢失，患者会出现代谢性酸中毒，严重者神志不清，血压下降。

（2）脱水虚脱期：患者的外观表现非常明显，严重者眼窝深陷，声音嘶哑，皮肤干燥皱缩，弹性消失，腹下陷呈舟状，唇舌干燥，口渴欲饮，四肢冰凉，体温常降至正常以下，肌肉痉挛或抽搐。患者生

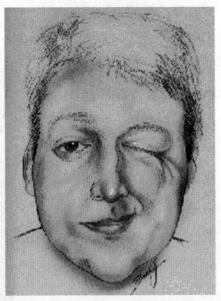

面肌痉挛

命垂危，但若能及时妥善地抢救，仍可转危为安，逐步恢复正常。

（3）恢复期：少数患者（以儿童多见）此时可出现发热性反应，体温升高至38℃～39℃，一般持续1～3天后自行消退，故此期又称为反应期。病程平均3～7天。

目前，霍乱大多症状较轻类似肠炎。按脱水程度、血压、脉搏及

便，脱水明显，脉搏细速，血压下降，尿量甚少，一日500毫升

以下。

重型：患者极度软弱或神志不清，严重脱水及休克，脉搏细速或者不能触及，血压下降或测不出，

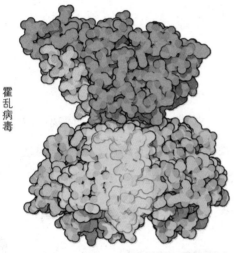

霍乱病毒

尿量多少分为四型。中型与重型患者由于脱水与循环衰竭严重，一般较易诊断；而轻型患者则多被误诊或漏诊，以致造成传染的扩散。

轻型：仅有短期腹泻，无典型米泔水样便，无明显脱水表现，血压脉搏正常，尿量略少。

中型：有典型症状体及典型大

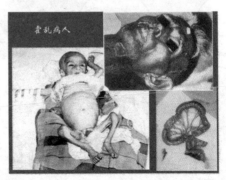

尿极少或无尿，可发生典型症状后数小时死亡。

暴发型：称干性霍乱，起病急骤，不等典型的泻吐症状出现，即因循环衰竭而致死亡。

◆ 霍乱的预防

（1）管理传染源：设置肠道门诊，及时发现隔离病人，做到早诊断、早隔离、早治疗、早报告，对接触者需留观5天，待连续3次大便阴性方可解除隔离。

（2）切断传播途径：加强卫生宣传，积极开展群众性的爱国卫生运动，管理好水源、饮食，处理好粪便，消灭苍蝇，养成良好的卫生习惯。

（3）保护易感人群：积极锻炼身体，提高抗病能力，可进行霍乱疫苗预防接种，新型的口服重组B亚单位/菌体霍乱疫苗已在2004年上市。

◆ 霍乱的治疗

（1）一般治疗

按消化道传染病严密隔离。隔离至症状消失6天后，粪便弧菌连续3次阴性为止，方可解除隔离。

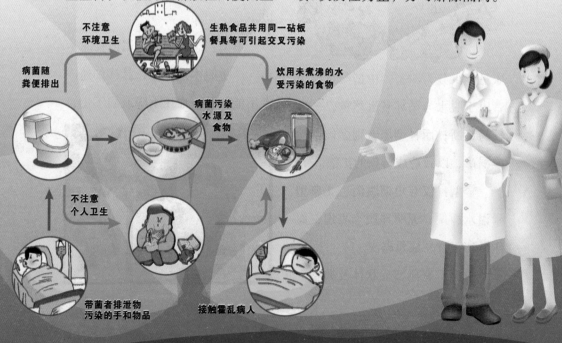

病人用物及排泄物需严格消毒，可用加倍量的20%漂白粉乳剂或2~3%来苏儿，0.5%氯胺，还可用新药"84"消毒液消毒。病区工作人员须严格遵守消毒隔离制度，以

防交叉感染。

休息：重型患者应绝对卧床休息至症状好转。

饮食：剧烈泻吐暂停饮食，待呕吐停止腹泻缓解可给流质饮食，在患者可耐受的情况下缓慢增加饮食。

密切观察病情变化：每4小时测生命体征1次，准确纪录出入量，注明大小便次数、量和性状。

水份的补充：为霍乱的基础治疗，轻型患者可口服补液，重型患者需静脉补液，待症状好转后改为口服补液。

标本采集：患者入院后立即采集呕吐物和粪便标本，送常规检查及细菌培养。注意：标本采集后要立即送检。

（2）输液治疗

输液治疗原则：早期，迅速，适量，先盐后糖，先快后慢，纠酸补钙，见尿补钾。

输液量：按脱水程度补液，一般入院后最初2小时应快速输液

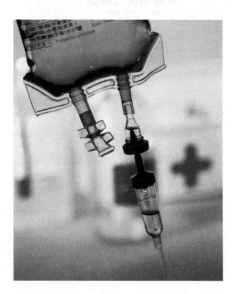

以纠正低血容量休克及酸中毒，轻型补液要3000～4000毫升，小儿每公斤体重100～500毫升；中型补液4000～8000毫升，小儿每公斤体重150～200毫升；重型补液8000～12000毫升，小儿每公斤200～250毫升。

输液内容：在开始纠正休克及酸中毒时，用生理盐水与乳酸钠或碳酸氢钠，待休克纠正后可增加葡萄糖注射液，有尿时即刻补钾。

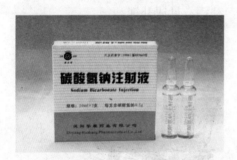

输液速度：所有低血容量休克患者入院30分钟应输入含钠液1000～2000毫升，入院最初的输液速度非常重要，如输液不及时可发生休克而死亡，或发生肾功能衰竭。休克纠正后将每日需要量均输完。

（3）对症治疗

频繁呕吐可给阿托品。

剧烈腹泻可酌情使用肾上腺皮质激素。

肌肉痉挛可静脉缓注10%葡萄糖酸钙，热敷，按摩。

周围循环衰竭者在大量补液纠正酸中毒后血压仍不回升者，可用间羟胺或多巴胺药物。

尿毒症者应严格控制摄入量，禁止蛋白质饮食，加强口腔及皮肤护理，必要时协助医生做透析疗法。

（4）药物治疗

四环素有缩短疗程减轻腹泻及缩短粪便排菌时间，减少带菌现象的作用，可静脉滴注，直至病情好转。也可用强力霉素、复方新诺明、吡哌酸等药治疗。

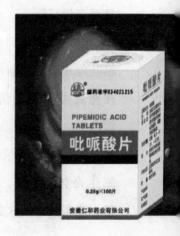

鼠　疫

鼠疫是由鼠疫杆菌引起的自然

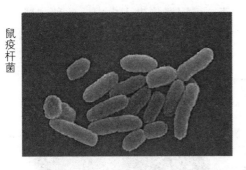

鼠疫杆菌

疫源性烈性传染病，也叫做黑死病。临床主要表现为高热、淋巴结肿痛、出血倾向、肺部特殊炎症等。鼠疫远在2000年前即有记载。世界上曾发生三次大流行，第一次发生在公元6世纪，从地中海地区传入欧洲，死亡近1亿人；第二次发生在14世纪，波及欧、亚、非；第三次是18世纪，传播到32个国家。14世纪大流行时曾波及我国。

鼠疫的潜伏期一般为2～5日。

腺鼠疫或败血型鼠疫2～7天；原发性肺鼠疫1～3天，甚至短仅数小时；曾预防接种者，可长至12天。临床上有腺型、肺型、败血型及轻型等四型。除轻型外，各型初期的全身中毒症状大致相同。

鼠疫为典型的自然疫源性疾病，在人间流行前，一般先在鼠间流行。鼠间鼠疫传染源（储存宿主）有野鼠、地鼠、狐、狼、猫、豹等，其中黄鼠属和旱獭属最重

要。家鼠中的黄胸鼠、褐家鼠和黑

方型。

黑家鼠

家鼠是人间鼠疫重要传染源。当每公顷地区发现1至1.5只以上的鼠疫死鼠，该地区又有居民点的话，此地爆发人间鼠疫的危险极高。各型

动物和人间鼠疫的传播主要以鼠蚤为媒介。当鼠蚤吸取含病菌的鼠血后，细菌在蚤胃大量繁殖，形成菌栓堵塞前胃，当蚤再吸入血时，病菌随吸进之血反吐，注入动物或人体内。蚤粪也含有鼠疫杆菌，可因搔痒进入皮内。此种"鼠→蚤→人"的传播方式是鼠疫的主要传播方式。少数可因直接接触病人的痰液、脓液或病兽的皮、血、

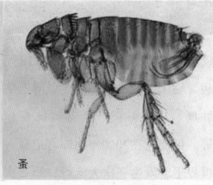

蚤

患者均可成为传染源，因肺鼠疫可通过飞沫传播，故鼠疫传染源以肺型鼠疫最为重要。败血性鼠疫早期的血有传染性。腺鼠疫仅在脓肿破溃后或被蚤吸血时才起传染源作用。三种鼠疫类型可相互发展为对

肉经破损皮肤或粘膜受染。肺鼠疫患者可借飞沫传播，造成人间肺鼠疫大流行。易感性人群对鼠疫普遍易感，无性别年龄差别。病后可获持久免疫力，预防接种可获一定免疫力。

◆ 鼠疫的临床表现

临床上，鼠疫有腺型、肺型、败血型及轻型等四型。除轻型外，各型初期的全身中毒症状大致相同。

（1）腺鼠疫

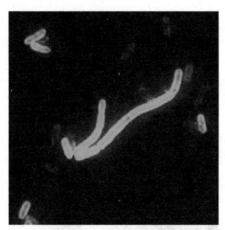

腺鼠疫患者除全身中毒症状外，以急性淋巴结炎为特征。因下肢被蚤咬机会较多，故腹股沟淋巴结炎最多见，约占70%；其次为腋下、颈及颌下，也可几个部位淋巴结同时受累。局部淋巴结起病即肿痛，病后第2～3天症状迅速加剧，红、肿、热、痛并与周围组织粘连成块，剧烈触痛，病人处于强迫体位。4～5日后淋巴结化脓溃破，随之病情缓解。部分可发展成败血症、严重毒血症及心力衰竭或肺鼠疫而死。用抗生素治疗后，病死率可降至5～10%。

（2）肺鼠疫

肺鼠疫是最严重的一型，病死率极高。该型起病急骤，发展迅速，除严重中毒症状外，在起病24～36小时内出现剧烈胸痛、咳嗽、咯大量泡沫血痰或鲜红色痰；呼吸急促，并迅速呈现呼吸困难和紫绀；肺部可闻及少量散在湿罗音，可出现胸膜摩擦音；胸部X线呈支气管炎表现，与病情严重程度极不一致。如抢救不及时，多于2～3日内，因心力衰竭、出血而死亡。

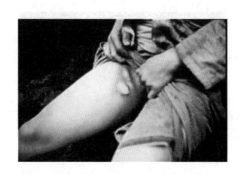

（3）败血型鼠疫

败血型鼠疫又称暴发型鼠疫，可原发或继发。原发型鼠疫因免疫

功能差、菌量多、毒力强，所以发展极速。常突然高热或体温不升，神志不清，谵妄或昏迷。无淋巴结肿。皮肤粘膜出血、鼻衄、呕吐、便血或血尿、DIC和心力衰竭，多在发病后24小时内死亡，很少超过3天，病死率高达100%。因皮肤广泛出血、瘀斑、紫绀、坏死，故

死后尸体呈紫黑色，俗称"黑死病"。继发性败血型鼠疫，可由肺鼠疫、腺鼠疫发展而来，症状轻重不一。

（4）轻型鼠疫

轻型鼠疫又称小鼠疫，发热轻，患者可照常工作，局部淋巴结肿大，轻度压痛，偶见化脓。血培养可阳性。多见于流行初、末期或预防接种者。

◆ 鼠疫的预防

（1）严格控制传染源：管理

患者发现疑似或确诊患者，应立即按紧急疫情上报，同时将患者严密隔离，禁止探视及病人互相往来。病人排泄物应彻底消毒，病人死

（4）保护易感者：自鼠间开始流行时，对疫区及其周围的居民、进入疫区的工作人员，均应进行预防接种；进入疫区的医务人员，必须接种菌苗，两周后方能进入疫区。工作时必须着防护服，戴口罩、帽子、手套、眼镜、穿胶鞋及隔离衣。接触患者后可服用四环素、磺胺嘧啶或链霉素

亡应火葬或深埋。接触者应检疫9天，对曾接受预防接种者，检疫期应延至12天。

（2）消灭动物传染源：对自然疫源地进行疫情监测，控制鼠间鼠疫。广泛开展灭鼠爱国卫生运动。旱獭在某些地区是重要传染源，也应大力捕杀。

（3）切断传播途径：灭蚤必须彻底，对猫、狗，家畜等也要喷药；加强交通及国境检疫，对来自疫源地的外国船只、车辆、飞机等均应进行严格的国境卫生检疫，实施灭鼠、灭蚤消毒，对乘客进行隔离留检。

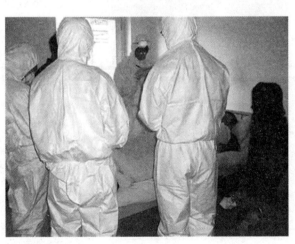

中的任何一种预防。

◆ 鼠疫的治疗

（1）一般治疗及护理

严格的隔离消毒患者应严格隔

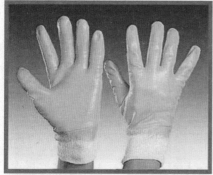

链霉素

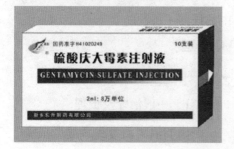

离于隔离病院或隔离病区，病区内必须做到无鼠无蚤。入院时对病人做好卫生处理（更衣、灭蚤及消毒）。病区、室内定期进行消毒，病人排泄物和分泌物应用漂白粉或来苏液彻底消毒。工作人员在护理和诊治病人时应穿连衣裤的"五紧"防护服，戴棉花纱布口罩，穿低筒胶鞋，戴薄胶手套及防护眼镜。

饮食与补液：急性期应给患者流质饮食，并供应充分液体，或予以葡萄糖、生理盐水静脉滴注，以利毒素排泄。

（2）病原治疗

治疗原则是早期、联合、足量、应用敏感的抗菌药物。

链霉素：治疗各型鼠疫特效药。链霉素可与磺胺类或四环素等联合应用，以提高疗效。疗程一般7～10天，重者用至15天。

庆大霉素：每日24～32万μ，分次稀释后静脉滴入，持续7～10天。

四环素：对链霉素耐药时可使

用。轻症者初二日，每日2～4克，分次口服，以后每日2克；严重者

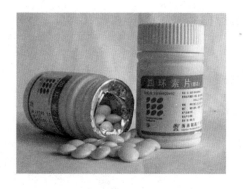

宜静脉滴注，第1次0.75～1克，每日2～3克，病情好转后改为口服。疗程7～10天。

氯霉素：每日3～4克，分次静脉滴入或口服，退热后减半，疗程

5～6天。对小儿及孕妇慎用。

磺胺嘧啶：首剂5克，4小时后2克，以后每4小时1克，与等量碳酸氢钠同服，用至体温正常3日为止。不能口服者，可静脉注射。磺胺只对腺鼠疫有效，严重病例不宜单独使用。

（3）对症治疗

烦躁不安或疼痛者用镇静止痛剂

注意保护心肺功能，有心衰或休克者，及时强心和抗休克治疗；有Dic者采用肝素抗凝疗法；中毒症状严重者可适当使用肾上腺皮质激素。对腺鼠疫淋巴结肿，可用湿热敷或红外线照射，未化脓切勿切开，以免引起全身播散。结膜炎可用0.25%氯霉素滴眼，一日数次。

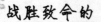
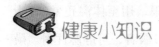
健康小知识

中医药治疗鼠疫

（1）腺鼠疫：寒战高热、淋巴结肿大，面红耳赤，烦渴欲饮，甚或神识模糊，苔黄，脉弦数。

治法：解表清热，解毒消肿。

方药：黄芩10克、黄连10克、板蓝根30克、连翘18克、元参15克、生石膏（先煎）60克、知母10克、薄荷10克、赤芍15克、大贝母10克、夏枯草15克、生地30克、马勃10克，生甘草6克。

（2）肺鼠疫：高热烦渴，咳嗽气急，胸痛，咯血或咯痰带血，面红目赤，苔黄舌红紫，脉滑数。

治法：清热解毒，化痰散结，凉血止血。

方药：生石膏（先煎）60克、大黄15克、知母10克、水牛角（先煎）15克、丹皮10克、赤芍15克、生地30克、黄连10克、黄芩10克、全瓜蒌30克、半夏10克、连翘15克、白茅根30克、仙鹤草30克、三七粉（冲）3克。

（3）败血型鼠疫：高热神昏，斑疹紫黑，鼻衄呕血，便血尿血，舌绛，脉细数，或体温骤降，面白肢冷，脉微欲绝。

治法：清营解毒，凉血止血。

方药：生石膏（先煎）60克、水牛角（先煎）15克、生地30克、丹皮10克、赤芍15克、淡竹叶15克、连翘15克、黄连10克、元参30克、麦冬15克、白茅根30克、紫草15克、侧柏叶10克。气血暴脱者，参附龙牡汤合安宫牛黄丸，固脱、并窍并用。